Documents manquants (pages, cahiers...)

NF Z 43-120-13

PHYSIQUE ÉLÉMENTAIRE
(PESANTEUR, CHALEUR)

CHAPITRE I

NOTIONS PRÉLIMINAIRES

1. Phénomènes chimiques et phénomènes physiques. — Les corps peuvent changer de nature et donner naissance à des corps nouveaux, ayant des propriétés toutes différentes. Tel est le cas du fer maintenu à l'air humide : il se recouvre de rouille, très différente du fer par son aspect extérieur et par ses propriétés. De même, un morceau de soufre allumé brûle avec une flamme bleue et se transforme en un gaz à odeur suffocante. Ce sont là des phénomènes *chimiques*.

Il y a d'autres phénomènes, dits *physiques*, qui n'amènent pas de changement dans la nature des corps ; ceux-ci ne subissent que des modifications passagères, lesquelles disparaissent avec la cause qui leur a donné naissance. Ainsi un bâton de verre frotté avec un morceau de drap acquiert momentanément la propriété d'attirer les corps légers, mais le verre est resté du verre ; une barre de fer chauffée s'allonge et rougit, mais elle reprend sa couleur et ses dimensions primitives quand elle revient à sa température initiale ; de l'eau suffisamment refroidie passe à l'état de glace, qui fond et reprend l'état liquide si la température du milieu environnant vient à s'élever.

2. Objet de la physique et de la chimie. — La physique

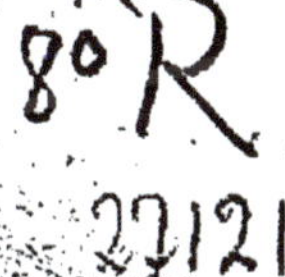

et la chimie sont quelquefois appelées *sciences expérimentales,* parce qu'on y fait constamment des expériences.

La physique a pour objet l'étude des phénomènes physiques. Le physicien observe attentivement ces phénomènes, essaie de les reproduire par l'expérience et cherche à découvrir leurs causes ainsi que les lois qui les régissent.

La chimie s'occupe des phénomènes chimiques. Elle étudie les modifications durables que ces phénomènes produisent dans la nature des corps et recherche les circonstances dans lesquelles ont lieu ces modifications.

3. Propriétés essentielles des corps. — Les corps ont trois propriétés essentielles : l'étendue, l'impénétrabilité et l'inertie.

Tout corps a nécessairement de l'*étendue* ; la partie de l'espace qu'il occupe s'appelle son volume. Il est de plus *impénétrable,* car deux corps ne peuvent exister ensemble dans un même lieu de l'espace ; quand une pointe pénètre dans une planche, quand une pierre s'enfonce dans l'eau, il n'y a là qu'une pénétration apparente : la pointe ne fait que refouler les fibres du bois, la pierre ne fait qu'écarter l'eau autour d'elle.

Enfin tous les corps sont *inertes* par eux-mêmes : cela veut dire que *tout corps qui est en repos ne se met pas de lui-même en mouvement.* De même, tout corps qui est en mouvement ne s'arrête pas sans cause, et si les corps en mouvement à la surface de la Terre tendent toujours à s'arrêter, c'est que des causes étrangères à ces corps s'opposent sans cesse au mouvement. Considérons, par exemple, une pierre lancée sur un sol horizontal ; si son mouvement ne persiste pas indéfiniment, c'est parce que les aspérités du sol et de la pierre, la résistance de l'air ralentissent peu à peu le mouvement et finissent par l'annuler. Ces causes de ralentissement sont d'autant plus faibles que la pierre se rapproche davantage de la forme sphérique et que le sol est plus uni; c'est ainsi que le mouvement d'une bille lancée sur la glace bien unie peut persister très longtemps.

Une foule de faits sont d'ailleurs des conséquences de l'inertie des corps. Ainsi, lorsqu'un train lancé avec une grande vitesse s'arrête trop brusquement, les voyageurs conservant cette même vitesse se trouvent projetés en avant; de même, lorsqu'on saute d'un tramway en marche, il faut avoir soin de se pencher en sens contraire du mouvement du tramway, sans quoi on est projeté dans le sens de ce mouvement. Enfin, on applique encore le principe de l'inertie lorsque, pour emmancher un marteau, on frappe le manche contre un corps fixe: le marteau continue le mouvement et s'enfonce solidement dans le manche.

NOTIONS ÉLÉMENTAIRES SUR LES FORCES

4. Considérations générales. — Supposons qu'on élève un corps à une certaine hauteur et qu'on l'abandonne à lui-même; le corps tombe. Cela tient à ce qu'une force, appelée *pesanteur,* sollicite tous les corps à se mettre en mouvement vers la terre dès qu'ils ne sont plus soutenus. Quand nous soulevons un corps, nous devons faire un effort, développer une certaine force pour vaincre l'action de cette pesanteur. Il existe dans la nature des forces très variées: une plume en acier placée près d'un aimant est aussitôt attirée : on dira que l'aimant exerce sur l'acier une force. Une chaudière à vapeur dégage de la vapeur d'eau qui, pressant sur un piston avec une force plus ou moins grande, le met en mouvement. ***Nous appellerons force toute cause capable de***

mettre un corps en mouvement ou de modifier son état de mouvement.

L'existence d'une force nous est révélée par les effets qu'elle produit. Ainsi un corps placé sur un support cause une dépression plus ou moins forte, et le support se romprait si le poids du corps dépassait une certaine limite; un ressort enroulé en spirale fléchit plus ou moins lorsqu'on y suspend un corps, etc. Tous ces effets, en même temps qu'ils nous révèlent l'existence des forces, peuvent aussi servir à les mesurer, comme nous le verrons plus loin.

Pour qu'une force soit bien déterminée, il faut qu'on connaisse :

1° son *point d'application*, c'est-à-dire le point du corps sur lequel elle agit directement;

2° sa *direction*, c'est-à-dire la droite suivant laquelle la force tend à entraîner son point d'application;

3° sa *grandeur*, ou, comme on dit ordinairement, son intensité.

5. Comparaison des forces entre elles. — Lorsque deux forces, appliquées en sens contraires au même point matériel, ne communiquent à ce point aucun mouvement, il est évident qu'elles ont la même grandeur : on dit qu'elles se font *équilibre*. De même, une force a une grandeur double, triple, etc. de la grandeur d'une autre force, lorsqu'elle fait équilibre à 2, 3, ... forces égales à cette dernière, appliquées ensemble au même point et en sens contraire. On peut donc comparer les grandeurs des forces en choisissant une certaine force pour unité.

Pour comparer les intensités des forces, on emploie des instruments appelés *dynamomètres*. Ils sont constitués essentiellement par des ressorts qui se déforment sous l'action des forces et reprennent leur position primitive quand celles-ci cessent d'agir. Le dynamomètre le plus simple est le *ressort à boudin*.

Le ressort à boudin est constitué par une spirale de cuivre ou de fer disposée verticalement (*fig.* 1). L'une des extrémités étant attachée à un point fixe, on suspend successivement à l'autre extrémité des poids de 5, 10, 15, 20g, ...; le ressort s'allonge et on constate que les allongements sont proportionnels aux forces.

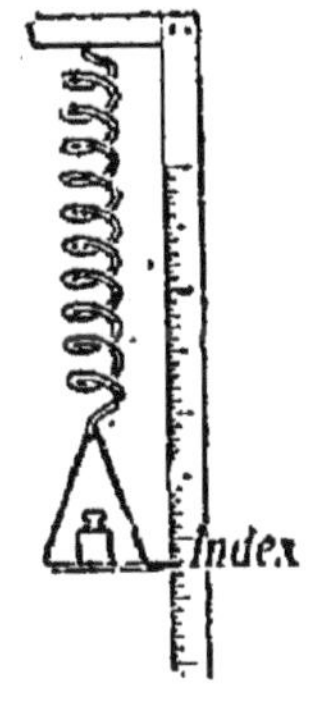

Fig. 1. — Ressort à boudin utilisé comme dynamomètre.

6. Unités de forces. — L'unité de force employée dans la pratique est le *kilogramme-poids,* qui est la force avec laquelle la pesanteur sollicite le kilogramme-étalon conservé aux Archives nationales.

En physique, on emploie une unité de force très petite appelée *dyne* (d'un mot grec qui veut dire force). Le kilogramme vaut 981 000 dynes. On voit que la dyne équivaut à peu près au poids d'un milligramme.

7. Notions élémentaires sur le travail des forces. — On dit qu'une force travaille quand elle imprime un déplacement quelconque à son point d'application. Ainsi un poids qui tombe, un cheval qui tire une voiture produisent du travail.

Le travail d'une force dépend à la fois de la grandeur de la force et du chemin parcouru par son point d'application. Si un poids d'un kilogramme tombe d'une hauteur d'un mètre, il produit un certain travail; si le même poids tombe de deux mètres, il produit un travail double, et il en serait de même d'un poids de deux kilogrammes tombant d'un mètre.

Le cas le plus simple de l'évaluation du travail est celui d'une force constante qui déplace son point d'application dans sa propre direction ; le travail est alors le produit de la grandeur de la force par le chemin parcouru.

Fig. 2. — Évaluation du travail d'une force constante.

Soit une force constante de grandeur F, appliquée au point O (*fig.* 2) ; si elle imprime à ce point un déplacement $OO' = e$ dans sa propre direction, on a, en représentant, comme on le fait souvent, le travail accompli par W (initiale du mot anglais *work*, travail),

$$W = F \times e.$$

8. Unités de travail. — Dans la pratique, le poids du kilogramme étant habituellement l'unité de force, et le mètre l'unité de longueur, l'unité de travail est le *kilogrammètre*, c'est-à-dire le travail produit par un poids de 1 kilogramme tombant d'une hauteur d'un mètre.

L'unité de travail adoptée en physique est très petite ; on l'appelle *erg* (d'un mot grec qui veut dire *travail*). C'est le travail accompli par une dyne qui déplace son point d'application d'un centimètre. Le kilogrammètre vaut 98 100 000 ergs.

Application. — Quel est le travail produit par une force de 20kg qui a déplacé son point d'application de 2m,50 dans sa propre direction ?

Le travail étant le produit de la grandeur de la force par le chemin parcouru, on a

$$W = F \times e = 20 \times 2,50 = 50 \text{ kilogrammètres.}$$

RÉSUMÉ DU CHAPITRE I

Les phénomènes physiques n'altèrent pas la nature des corps et ne leur font éprouver que des modifications passagères ; les phénomènes chimiques changent au contraire la nature des corps.

Les propriétés essentielles des corps sont l'*étendue*, l'*impénétrabilité* et l'*inertie*. Cette dernière propriété appartient aussi bien aux corps qui sont en repos qu'à ceux qui sont en mouvement.

Une force est caractérisée par son point d'application, sa direction et sa grandeur. On mesure les forces en cherchant, à l'aide des dynamomètres, combien de fois elles contiennent une force choisie comme unité.

Une force qui déplace son point d'application produit du travail. Quand une force constante déplace son point d'application dans sa propre direction, le travail accompli est le produit de la grandeur de la force par le chemin parcouru.

EXERCICES SUR LE CHAPITRE I

1. Une force constante qui équivaut au poids de 5^{kg} déplace son point d'application de 50^{cm} dans sa propre direction Quel est le travail produit? On évaluera le travail en kilogrammètres.

2. A quelle hauteur faut-il élever un poids de 500^{g} pour produire un travail de 2 kilogrammètres, 5?

CHAPITRE II

NOTIONS GÉNÉRALES SUR LA PESANTEUR

9. **Considérations générales.** — Tous les corps solides et liquides, portés à une certaine hauteur et abandonnés à eux-mêmes, tombent à la surface du sol; placés sur un support, ils exercent sur ce support une certaine pression; on dit qu'ils sont *pesants,* et on appelle *pesanteur* la force qui les sollicite à tomber. Les gaz sont également des corps pesants, et si la fumée, les aérostats s'élèvent, si les nuages se maintiennent dans l'atmosphère, cela est dû à ce que l'air, qui est lui-même pesant, exerce sur tous ces corps une pression de bas en haut supérieure à l'action de la pesanteur; si l'air n'existait pas, ils tomberaient aussi.

10. Direction de la pesanteur. Fil à plomb. — On détermine la direction de la pesanteur à l'aide du *fil à plomb.* Il se compose d'un fil flexible suspendu à un point fixe par une de ses extrémités et portant à l'autre extrémité un corps un peu lourd, généralement une masse cylindro-conique en laiton (*fig.* 3). Quand le fil à plomb est abandonné à lui-même, il se tend sous l'influence de la pesanteur, et comme sa tension fait équilibre à cette dernière force, il a nécessairement la même direction quand il est en repos.

Fig. 3. — Fil à plomb.

La direction de la pesanteur en un lieu quelconque se nomme la *verticale.* Cette direction est la même, dans un même lieu, pour tous les corps ; en effet, si l'on dispose plusieurs fils à plomb à côté les uns des autres, on constate que leurs directions sont parallèles quand ils sont en équilibre. En réalité, les verticales sont les prolongements des rayons terrestres et elles passent par le centre de la Terre (*fig.* 4). Mais, lorsqu'on considère deux points qui ne sont pas très éloignés, on peut, à cause de la petitesse de l'angle formé, considérer les verticales qui passent par ces points comme sensiblement parallèles.

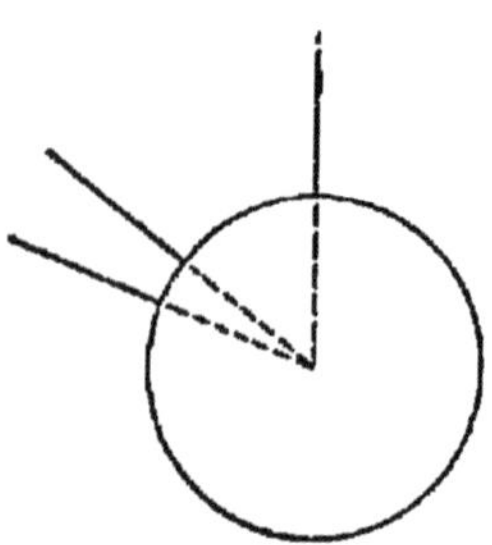

Fig. 4. — Les verticales passent par le centre de la Terre.

D'après ce qui précède, tout se passe comme si la pesanteur était due à une *attraction* exercée par la Terre sur tous les corps, attraction émanant du centre même de notre globe.

Usages du fil à plomb. — Le fil à plomb est constamment utilisé dans les constructions pour vérifier si un mur est vertical. On tend le fil à plomb devant le mur (*fig.* 5); le mur est vertical si son arête est bien parallèle au fil.

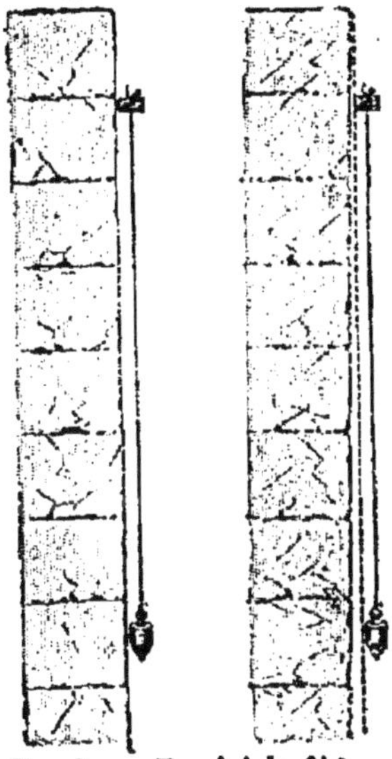

Fig. 5. — Emploi du fil à plomb pour vérifier si un mur est vertical.

C'est aussi le fil à plomb qui sert à vérifier si un plan est horizontal; on emploie pour cela le *niveau de maçon* (*fig.* 6 et 7). Il est formé de deux barres de bois portant un fil à plomb suspendu au sommet de l'angle qu'elles forment : le plan est horizontal quand le fil recouvre une ligne verticale (appelée ligne de foi) tracée sur une barre transversale.

Fig. 6.

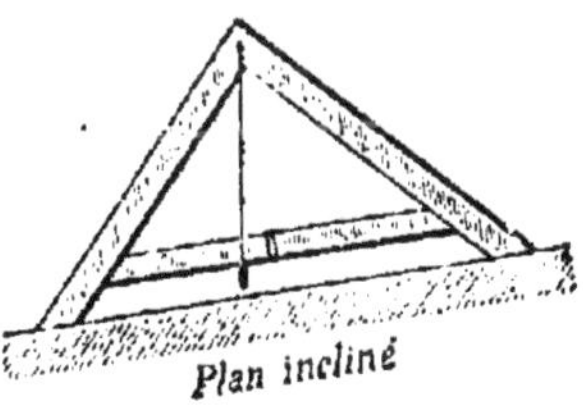

Fig. 7.

Niveau de maçon.

11. Intensité de la pesanteur. Poids. — Quand un corps est divisé en fragments, chaque fragment, si petit qu'il soit, tombe aussi bien que le corps lui-même. On peut donc considérer toutes les parties qui constituent un corps comme soumises chacune à une petite force verticale dirigée de haut en bas. Toutes ces forces sont égales, et elles peuvent être considérées comme parallèles. On démontre en Mécanique qu'il est possible de les remplacer par une force unique qui, agissant seule sur le corps, produirait le même effet que les petites forces réunies. Cette force unique, qui n'est qu'une conception de l'esprit, est dite la *résultante* de toutes les actions de la pesanteur sur le corps; elle est égale à la somme de toutes les petites forces verticales et elle est elle-même dirigée suivant la verticale; sa grandeur représente le *poids* du corps. On peut donc définir le poids d'un corps : *la grandeur de la résultante de toutes les actions exercées par la pesanteur sur ce corps.*

Le poids d'un corps étant une force, doit s'évaluer en kilogrammes-poids ou en dynes (6). On peut déterminer approximativement le poids d'un corps en le suspendant à un dynamomètre comme le peson à ressort (5).

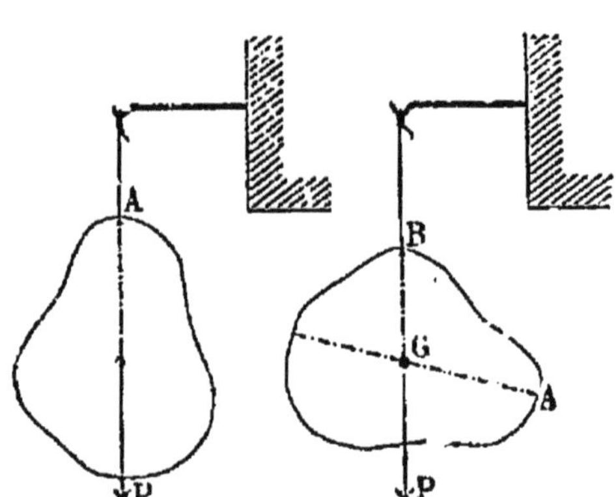

Fig. 8.— Détermination expérimentale du centre de gravité.

12. Centre de gravité. — *Le centre de gravité d'un corps est le point d'application de la résultante de toutes les actions exercées par la pesanteur sur ce corps.*

La position du centre de gravité dans un corps homogène (c'est-à-dire dont toutes les parties sont de même nature) ne dépend que de sa forme. Pour déterminer approximativement cette position, on suspend le corps par un point A de son contour (*fig.* 8). Quand l'équilibre est atteint, la tension du fil est une force qui neutralise à elle seule le poids du corps ; la direction du fil, prolongée, passe nécessairement par le centre de gravité. On suspend ensuite le même corps par un autre point, B, de manière à obtenir une seconde direction passant encore par le centre de gravité. Celui-ci se trouve à l'intersection des deux directions obtenues.

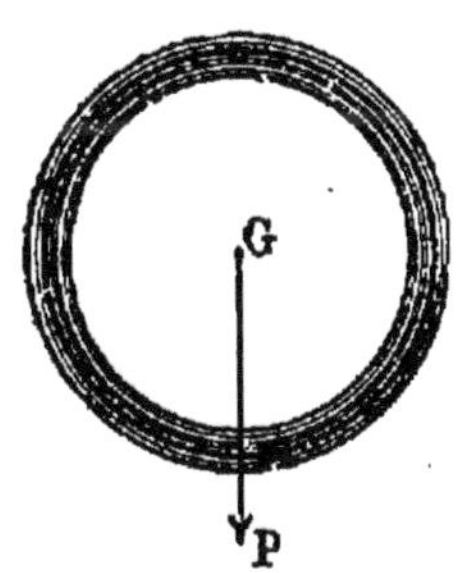

Fig. 9. — Centre de gravité d'un anneau.

Il faut remarquer que le centre de gravité d'un corps peut n'être pas situé dans le corps lui-même ; dans un panier, une chaise, il est généralement situé en un point qui ne fait pas partie du corps ; dans un anneau (*fig.* 9), il est au centre. On doit alors regarder ce point comme invariablement lié au corps, c'est-à-dire gardant toujours la même position relativement au corps et se déplaçant avec lui.

Conditions d'équilibre d'un corps suspendu. — Il faut, pour l'équilibre, que la verticale qui passe par le centre de gravité rencontre l'axe. Cette condition étant remplie, l'équilibre peut être stable, instable ou indifférent.

1° L'équilibre est *stable* quand le centre de gravité est au-dessous de l'axe. Si le corps est écarté de sa position d'équilibre, il tend toujours à y revenir. Comme exemples d'équilibre stable, on peut citer le fil à plomb, un pendule d'horloge, une règle plate à dessin soutenue à sa partie supérieure (*fig.* 10) ;

2° L'équilibre est *instable* quand le centre de gravité est au-dessus de l'axe (*fig.* 11). Un corps en équilibre instable, même très peu écarté de sa position d'équilibre, s'en éloigne de plus en plus par l'action de son poids, et le centre de gravité, qui tend toujours à descendre, ne peut remonter de lui-même ;

3° Enfin l'équilibre est *indifférent* lorsque l'axe passe par le centre de gravité, car le poids du corps est alors

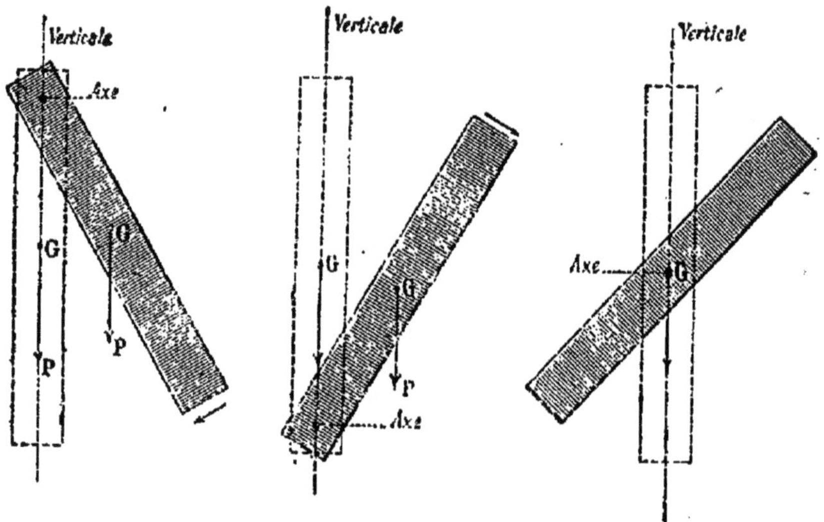

Fig. 10. — Équilibre stable.
Fig. 11. — Équilibre instable.
Fig. 12. — Équilibre indifférent.

détruit par la résistance de l'axe dans toutes les positions possibles. L'équilibre d'une meule montée sur un axe, des poulies des arbres de transmission, des volants des machines à vapeur est indifférent ; il en est de même de l'équilibre d'une règle plate soutenue par un axe passant par le point d'intersection de ses diagonales (*fig.* 12).

Conditions d'équilibre d'un corps appuyé. — Nous supposerons que le corps repose sur un plan horizontal.

S'il n'y a qu'un seul point de contact avec le plan, il faut, pour qu'il y ait équilibre, que la verticale qui passe par son centre de gravité passe en même temps par ce point d'appui. S'il y a plusieurs points d'appui, cette verticale doit passer à l'intérieur de la *base de sustentation*. On appelle ainsi la figure — ordinairement un polygone — que l'on obtient en joignant tous les points d'appui.

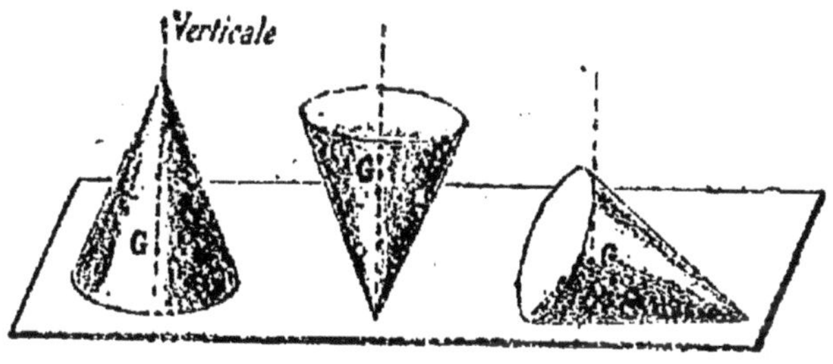

Fig. 13. — Équilibre d'un cône reposant sur un plan horizontal.

On distingue toujours les trois genres d'équilibre (*fig.* 13) : équilibre stable (équilibre d'une table, d'une voiture, d'un cône reposant sur sa base) ; équilibre instable (équilibre d'une règle maintenue verticalement sur l'extrémité du doigt, d'un cône vertical s'appuyant sur sa pointe) ; équilibre indifférent (équilibre d'une sphère, équilibre d'un cône ou d'un cylindre roulant sur leurs génératrices). En général, l'équilibre est d'autant plus stable que le centre de gravité est situé plus bas.

Applications. — La considération du centre de gravité est d'une grande utilité dans la pratique pour assurer la stabilité des corps.

La stabilité des voitures, des navires, etc. est d'autant plus grande que le centre de gravité est placé plus bas ; aussi lorsqu'on les charge, dispose-t-on au fond les objets les plus lourds formant *lest*.

Dans la locomotion, nous manœuvrons instinctivement pour que la verticale passant par notre centre de gravité rencontre toujours le sol à l'intérieur de la base de sustentation formée avec les contours extérieurs des pieds ; c'est pour cela que nous nous penchons en avant pour monter une pente raide, que nous nous penchons au contraire en arrière pour la descendre. Un homme qui porte un fardeau sur le dos doit se pencher en avant pour ramener dans la base de sustentation la verticale qui passe par le centre de gravité commun au corps et au fardeau ; un homme qui porte un fardeau d'une main doit pencher le corps du côté opposé pour la même raison. Un danseur de corde prend un balancier qu'il incline à droite ou à gauche de manière à maintenir le centre de gravité dans le plan vertical qui passe par la corde.

Fig. 14. — Expérience d'équilibre.

Les vieux bâtiments, les cheminées d'usines, etc. restent stables tant que la verticale passant par le centre de gravité tombe dans la base qui les supporte. Dans la célèbre tour penchée de Pise, cette verticale est loin de tomber en dehors, malgré l'inclinaison de la tour.

Enfin une foule d'expériences sont une application des conditions d'équilibre que nous avons énumérées plus haut. Nous citerons comme exemple l'équilibre d'une pièce de monnaie soutenant deux fourchettes sur la pointe d'une aiguille ou sur le bord d'un verre (*fig.* 14).

13. Forces agissant sur un corps qui tombe. — Deux forces agissent sur un corps qui tombe : 1° son *poids*, qui l'entraîne de haut en bas ; 2° la *résistance de l'air*, qui agit en sens contraire. Le poids peut être considéré comme une force constante pendant toute la durée de la chute, tandis que la résistance de l'air varie considérablement avec la surface du corps, avec sa vitesse, etc.

Faisons tomber simultanément. de la même hauteur, un morceau de craie et une feuille de papier ; la craie arrive à terre bien avant la feuille de papier (*fig.* 15). Roulons maintenant la feuille entre les mains pour en faire une boule bien serrée, puis laissons de nouveau tomber les deux corps ; ils arriveront à terre en même temps. En réalité, *tous les corps tombent avec la même vitesse*, et les différences que l'on observe sont dues simplement à la résistance de l'air, résistance qui est d'autant plus faible que le corps a moins de surface. Si on laissait tomber de la même hauteur des corps quelconques dans un espace préalablement *privé d'air*, on verrait que la durée de la chute est la même pour tous ces corps.

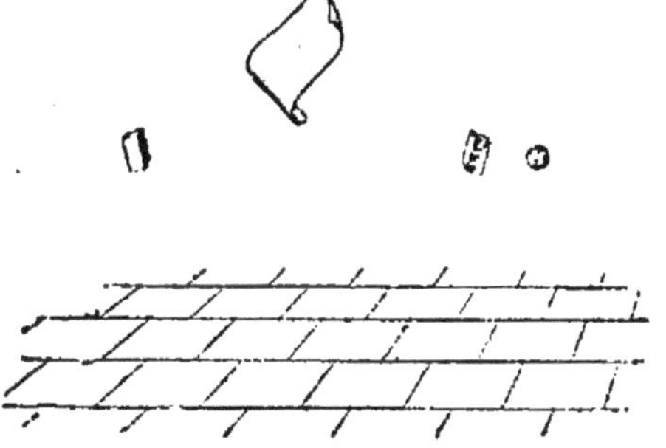
FIG. 15. — Chute de corps de diverses formes.

Le mouvement des corps qui tombent va toujours en *s'accélérant régulièrement*. L'expérience montre que la vitesse augmente de quantités égales dans des temps égaux, c'est-à-dire qu'au bout de 2, 3, ... secondes, elle est devenue 2, 3, ... fois plus grande. Si l'on néglige la résistance de l'air, la vitesse d'un corps qui tombe librement est, au bout d'une seconde, $9^m,81$; au bout de deux secondes, $9,81 \times 2$; et ainsi de suite. Cette quantité constante $9^m,81$ dont la vitesse augmente par seconde s'appelle l'*accélération* imprimée par la pesanteur ; elle varie légèrement quand on passe d'un lieu à un autre : à Paris, sa valeur est de $9^m,81$; elle est de $9^m,78$ à l'équateur et de $9^m,83$ à la latitude de 80°.

Traçons deux droites rectangulaires OX et OY (*fig.* 16); sur l'horizontale prenons des longueurs égales OA, AB,... représentant chacune une seconde de chute; puis élevons successivement aux points A, B, C,... des perpendiculaires de longueurs proportionnelles aux vitesses atteintes au bout de 1, 2, 3,... secondes (nous prenons ici une échelle très réduite). Tous les points M, M',... ainsi obtenus sont sur une ligne droite OP, qui est la *représentation graphique* des augmentations régulières de la vitesse. Si l'on veut obtenir la vitesse au bout de $3^{sec},5$, par exemple, il suffira de mener la perpendiculaire du point S, milieu de CD, sur la ligne OX ; la longueur SS' de cette perpendiculaire évaluée en mètres représente (en tenant compte de la réduction) la vitesse cherchée.

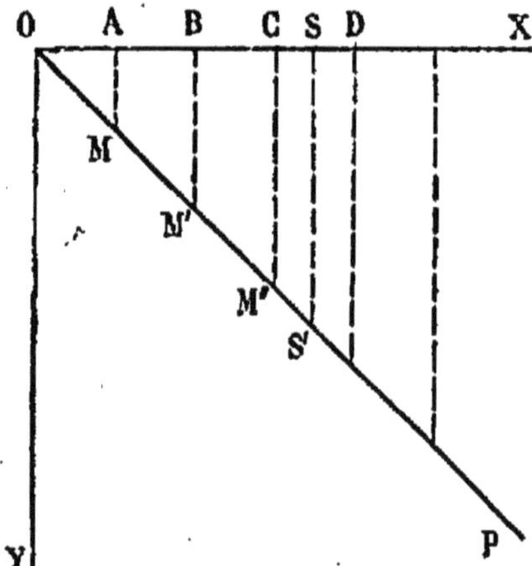

FIG. 16. — Représentation graphique des vitesses.

L'espace parcouru par un corps qui tombe librement

augmente aussi suivant une loi simple. Le corps parcourt un espace de $\frac{9^m,81}{2} = 4^m,905$ pendant la première seconde de chute. Au bout de 2 secondes, il a parcouru un espace $2^2 = 4$ fois plus grand, soit $19^m,62$; au bout de 3 secondes, un espace $3^2 = 9$ fois plus grand, soit $44^m,145$, et ainsi de suite.

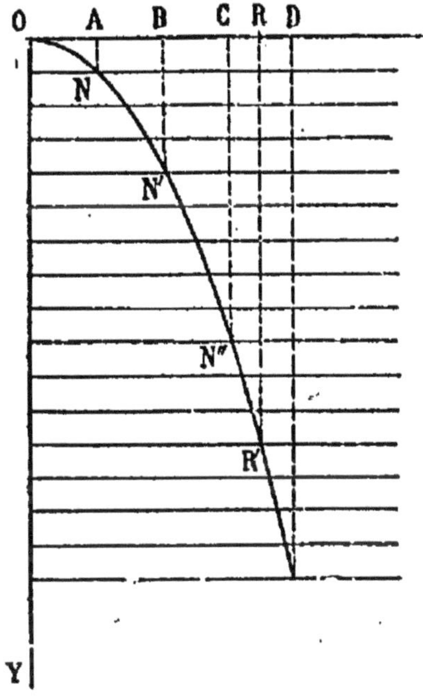

Fig. 17. — Représentation graphique des espaces parcourus.

On peut aussi représenter graphiquement la variation des espaces. Aux points A, B, C,... dans la figure 17 analogue à la précédente, on élève des perpendiculaires de longueurs proportionnelles aux espaces $4^m,905$, $19^m,62$, $44^m,145$,... parcourus au bout de 1, 2, 3,... secondes de chute. En joignant les extrémités N, N', N'',... de ces perpendiculaires, on obtient une courbe qui descend très vite. Si l'on veut avoir l'espace parcouru au bout de $3^{sec},5$, par exemple, on mène du point R, milieu de CD, une perpendiculaire à OX rencontrant la courbe; l'espace cherché est la longueur RR' exprimée en mètres.

Applications de la résistance de l'air. — C'est à la résistance de l'air qu'est dû l'éparpillement des liquides qui tombent dans l'air; dans le vide, leur chute aurait lieu en masse comme celle d'un corps solide. On le prouve à l'aide du *marteau d'eau* (*fig.* 18). C'est un tube de verre à demi plein d'eau, qu'on a fermé à la lampe après en avoir chassé l'air par ébullition. Quand on le retourne brusquement, l'eau tombe sans se diviser, et en frappant le fond du tube rend un son sec, comparable à celui d'une masse solide.

On empêche le mouvement de certains appareils de s'accélérer en leur faisant entraîner

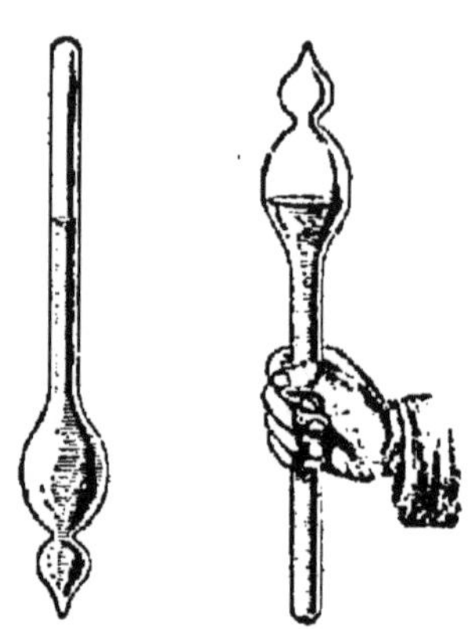

Fig. 18. — Marteau d'eau.

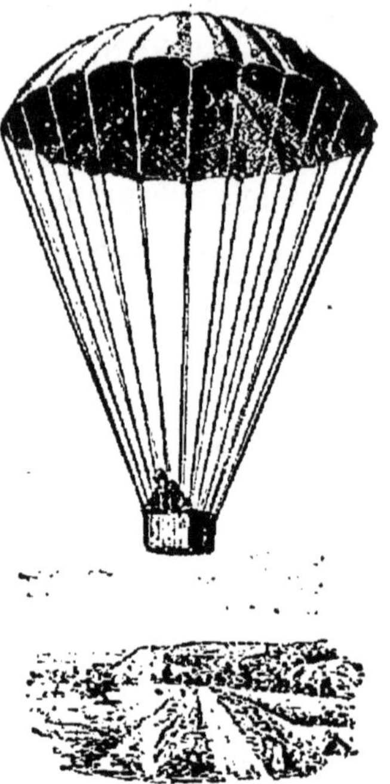

Fig. 19. — Parachute.

une roue à ailettes, qui éprouve de la part de l'air une résistance d'autant plus grande que la rotation de l'appareil est plus rapide. — Certains aéronautes qui veulent procurer des émotions au public quittent leur ballon pour descendre en *parachute* (*fig.* 19). C'est la résistance de l'air qui retarde la descente. — Remarquons enfin que les animaux qui volent trouvent aussi leur point d'appui dans la résistance de l'air.

RÉSUMÉ DU CHAPITRE II

La *pesanteur* est la force qui tend à entraîner tous les corps vers le centre de la Terre. Sa direction est donnée par un fil à plomb en équilibre. Cette direction se nomme la *verticale*. Toutes les verticales aboutissent au centre de la Terre.

Le *poids* d'un corps est la résultante de toutes les actions exercées par la pesanteur sur ce corps. Le point d'application de cette résultante est le *centre de gravité.*

Un corps mobile autour d'un axe horizontal est en équilibre lorsque la verticale qui passe par le centre de gravité rencontre l'axe. L'équilibre peut être stable, instable ou indifférent. Si le corps repose sur un plan horizontal par plusieurs points, il faut, pour l'équilibre, que la verticale qui passe par le centre de gravité passe également à l'intérieur du polygone que l'on obtient en joignant les points d'appui.

Tout corps qui tombe est soumis simultanément à deux forces : son poids, et la résistance de l'air. Dans le vide, tous les corps tombent également vite.

EXERCICES SUR LE CHAPITRE II

3. Un corps abandonné à lui-même d'une certaine hauteur a mis 10 secondes pour atteindre le sol. On demande : 1° la vitesse qu'il possède en arrivant au sol ; 2° l'espace parcouru par ce corps. On prendra $g = 9^m,81$.

4. Quel est l'espace parcouru par un corps qui tomberait librement pendant 5 minutes 20 secondes : 1° à Paris ; 2° à l'équateur ; 3° à la latitude de 80° ?

CHAPITRE III

MASSES. — PESÉES

14. **Masse d'un corps.** — Le poids d'un corps varie légèrement d'un lieu à un autre. Ce fait a amené les physiciens à caractériser un corps, non par son poids, mais par sa *masse,* qui est une quantité invariable, indépendante des actions exercées sur le corps par les forces extérieures. La masse d'un corps dépend essentiellement de la quantité de matière qu'il contient et ne peut varier que si le corps gagne ou perd de la matière, c'est-à-dire s'il ne reste plus le même.

Pour déterminer la masse d'un corps on cherche, à l'aide de la balance, combien cette masse renferme de fois une masse choisie comme unité. L'unité de masse est le *gramme-*

masse ou masse du gramme, représentant *la millième partie de la masse du kilogramme étalon déposé aux Archives nationales. Le gramme-masse équivaut à très peu près à la masse d'un centimètre cube d'eau distillée à 4°.*

Pour pouvoir comparer les masses des corps, il est nécessaire d'avoir des multiples et des sous-multiples du gramme-masse. Ces multiples et sous-multiples, disposés ordinairement dans des boîtes spéciales (*fig.* 20), sont

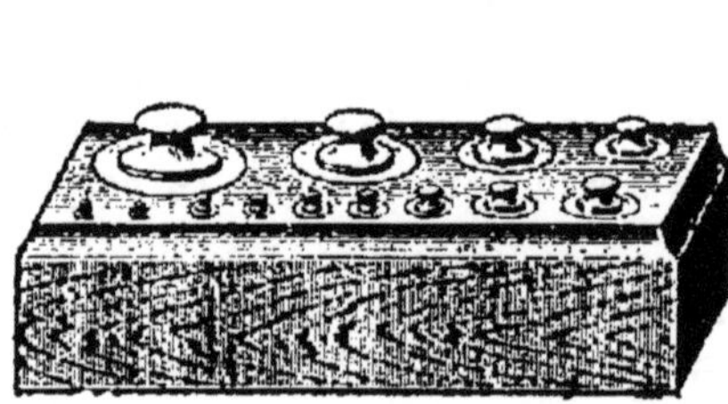

Fig. 20. — Boîtes de masses marquées

appelés vulgairement des *poids marqués*; en réalité, ce sont des *masses marquées*. On les associe de manière à pouvoir obtenir tous les nombres compris entre 1 et 10, 10 et 100, etc.; il y a donc, outre le gramme-masse, deux masses de 2g, une masse de 5g,...; de même pour les sous-multiples.

Remarque. — Dans le langage courant on confond généralement la masse d'un corps avec son poids. Ces deux termes ne sont cependant pas synonymes. Le poids d'un corps représente, comme nous l'avons vu, la force avec laquelle il est sollicité par la pesanteur et doit, par suite, s'évaluer en unités de force et non en grammes-masse. Pour un même corps, il existe entre le poids et la masse la relation suivante :

$$P = Mg,$$

g désignant l'accélération imprimée par la pesanteur au lieu considéré (13).

A Paris, le poids d'un corps dont la masse est de 10g a pour valeur $10 \times 981 = 9810$ dynes.

Le poids P et l'accélération g varient tous deux quand on passe d'un lieu à un autre, mais leur rapport $\frac{P}{g}$ restant constant, la masse d'un corps est une quantité *constante* en tous les points du globe.

15. Définition et description de la balance. — ***La balance sert à déterminer la masse d'un corps par une opération appelée pesée.***

La balance ordinaire (*fig.* 21) se compose d'une barre mobile appelée *fléau*, aux extrémités de laquelle sont suspendus deux plateaux de même poids. Le fléau est traversé en son milieu par un prisme triangulaire appelé *couteau*, dont l'arête inférieure repose en avant et en arrière sur un même plan horizontal constituant la *chape*. Enfin une aiguille verticale est fixée au fléau, et son extrémité, mobile devant un arc divisé, recouvre le zéro de la graduation lorsque le fléau est horizontal.

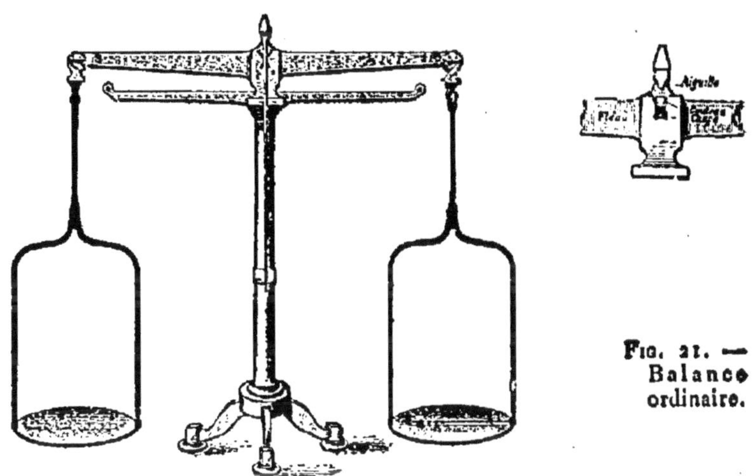

FIG. 21. — Balance ordinaire.

16. Détermination d'une masse par simple pesée. — Dans toute balance, le fléau est construit de telle sorte que son centre de gravité soit dans le plan vertical qui passe par l'arête inférieure du couteau lorsque le fléau est horizontal, et un peu au-dessous de cet axe. Il en résulte que l'équilibre est stable et que le fléau est horizontal quand il n'y a rien dans les plateaux.

Cela posé, si l'on met dans un des plateaux un corps de masse M inconnue (*fig.* 22), ce corps exerce sur le plateau une certaine pression représentée par le poids P. Pour que le fléau reste horizontal, il faudra ajouter dans l'autre plateau des masses marquées jusqu'à ce que leur poids soit égal à celui de la masse M.

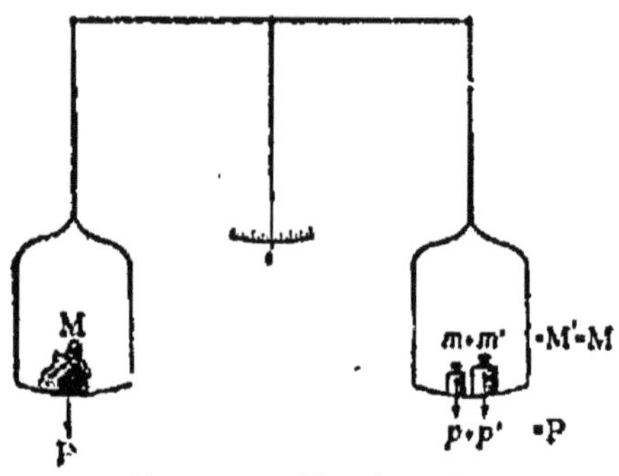

Fig. 22. — Simple pesée.

Le nombre de grammes $m + m'$, en tout M', lu sur les masses marquées, représente la masse du corps ; on a, en effet, pour la masse M, $P = Mg$ (14), et pour les masses marquées, $P = M'g$; donc $M' = M$.

L'opération que nous venons d'exposer s'appelle une *simple pesée* ; elle n'est exacte que si la balance est juste.

17. Conditions de justesse d'une balance. Double pesée. — On dit qu'une balance est juste lorsque l'aiguille recouvre le zéro de la graduation aussi bien quand les plateaux sont vides que quand ils sont pressés par des poids égaux.

Pour qu'une balance soit juste, il faut : 1° que les deux bras du fléau soient parfaitement égaux ; 2° que les plateaux aient le même poids. Si ces conditions sont remplies, le fléau placé horizontalement se tient en équilibre quand on applique des poids égaux à ses extrémités ; la résultante de ces poids, ainsi que les poids du fléau et des plateaux, sont alors détruits par la résistance de la chape.

Double pesée. — Les conditions de justesse ne sont jamais réalisées rigoureusement dans la pratique. Elles ne sont cependant pas indispensables, et il est possible de déterminer exactement la masse d'un corps avec une balance qui n'est pas juste ; on emploie pour cela la *méthode de la double pesée*. Le corps à peser étant placé dans un des plateaux, on lui fait équilibre dans l'autre plateau avec

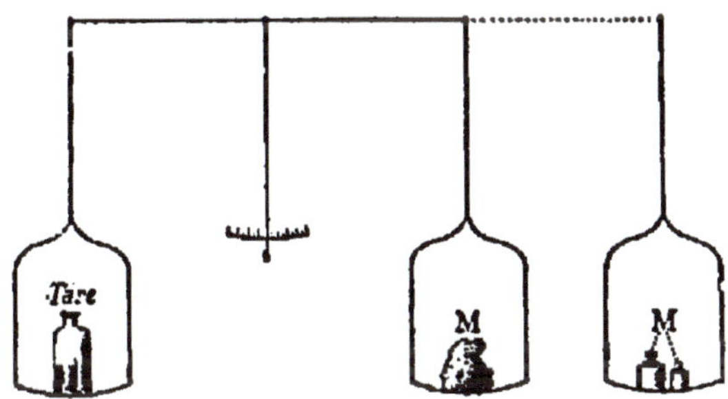

Fig. 23. — Double pesée.

des corps quelconques : grenaille de plomb, fragments de papier, etc. ; c'est ce qu'on appelle *faire la tare* (*fig.* 23). Quand l'équilibre est établi, on enlève le corps et on le remplace par des masses marquées jusqu'à ce qu'il y ait de nouveau équilibre. Ces masses sont évidemment égales à la masse du corps, car elles produisent le même effet dans les mêmes circonstances.

18. Conditions de sensibilité d'une balance. — La sensibilité d'une balance se reconnait à la masse plus ou moins grande qu'il faut placer dans l'un des plateaux pour rompre l'équilibre du fléau. La sensibilité est la qualité qui caractérise une bonne balance, car on peut, par la double pesée, se soustraire aux conditions de justesse.

Le calcul démontre qu'une balance est d'autant plus sensible :

1° *que les bras du fléau sont plus longs ;*

2° *que le poids du fléau est moindre ;*

3° *que le centre de gravité du fléau est plus rapproché de l'arête inférieure du couteau.*

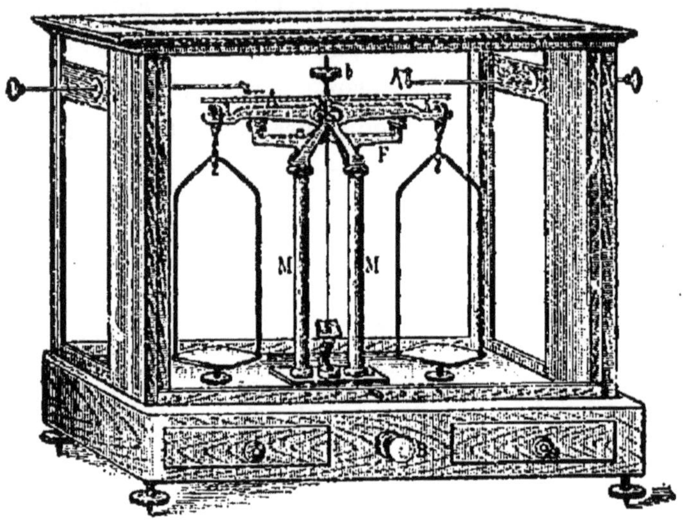

Fig. 24. — Balance de précision.

Les balances dites *de précision* (*fig.* 24), que l'on emploie dans les laboratoires, sont ordinairement sensibles *au milligramme*, c'est-à-dire que leur aiguille se déplace d'une façon visible lorsqu'on ajoute un milligramme à un des plateaux après que l'équilibre a été établi.

Cette sensibilité peut d'ailleurs être augmentée : en employant des procédés spéciaux pour observer les déplacements de l'aiguille, on arrive aujourd'hui couramment à apprécier avec ces balances le $\frac{1}{20}$ de milligramme.

DENSITÉS. — POIDS SPÉCIFIQUES

19. Mesure du volume d'un solide ou d'un liquide. — On détermine facilement le volume d'un liquide ou d'un solide à l'aide des vases *gradués*. On appelle ainsi des vases en verre dont la contenance a été divisée en parties d'égal volume, ordinairement en centimètres cubes. Ces parties sont indiquées par une échelle divisée gravée sur le verre (*fig.* 25).

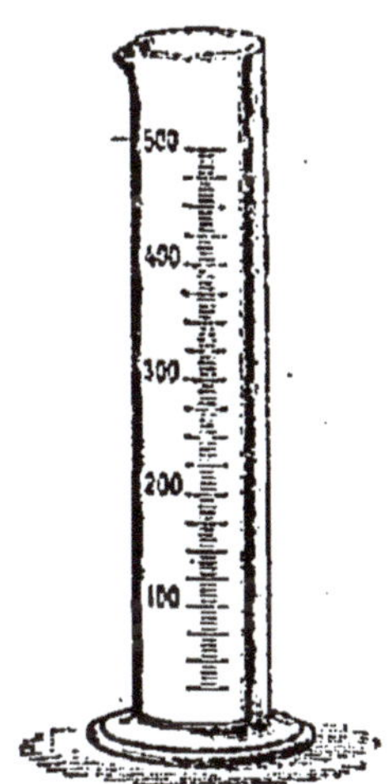

Fig. 25. — Éprouvette graduée.

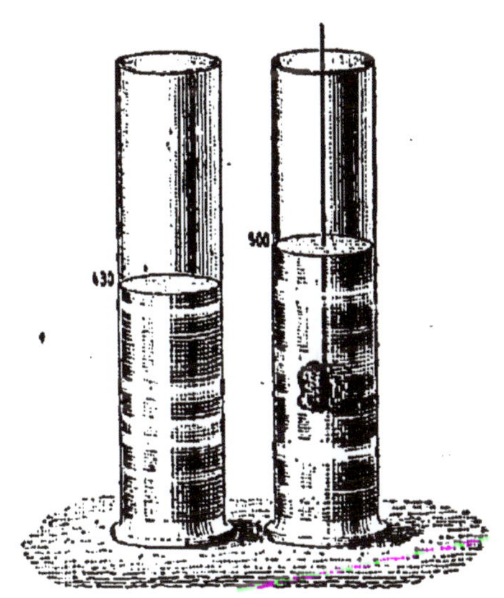

Fig. 26. — Détermination du volume d'un corps solide.

Le volume d'un liquide s'apprécie par une simple lecture. Pour avoir le volume d'un corps solide, on verse dans une éprouvette graduée un volume déterminé, 430$^{cm^3}$ par exemple, d'un liquide dans lequel le solide est insoluble, puis on suspend le solide par un fil fin et on le plonge en entier dans le liquide (*fig.* 26). Si le niveau du liquide monte à la division 500, c'est que le volume du liquide déplacé et, par suite, le volume du solide, est de $500 - 430 = 70^{cm^3}$.

20. Définition de la masse spécifique. — *On appelle masse spécifique d'un corps solide ou liquide la masse d'un centimètre cube de ce corps.* Ainsi, un centimètre cube de fer pesant $7^g,8$, la masse spécifique du fer est $7^g,8$; de même, la masse spécifique du mercure est $13^g,596$; celle du platine 21^g.

Représentons par m la masse spécifique d'un corps dont le volume est V^{cm^3} ; la masse M de ce corps sera évidemment donnée par la formule

$$M = V \times m \text{ grammes.}$$

On en tire

$$m = \frac{M}{V},$$

c'est-à-dire que la masse spécifique d'un corps s'obtient *en divisant sa masse par son volume.* La masse est donnée par la balance ; le volume peut être obtenu avec un vase gradué (19).

Densités relatives. — Si l'on applique la formule précédente à l'eau, dont la masse spécifique, par définition, est 1^g à 4°, on a

$$M = V,$$

ce qui montre que, pour l'eau, la masse et le volume sont exprimés par le même nombre (10^{cm^3} d'eau, par exemple, pèsent 10^g). On peut donc remplacer le volume d'un corps par la masse d'un égal volume d'eau ; le rapport qui existe ainsi entre la masse d'un corps et celle d'un égal volume d'eau s'appelle la *densité relative* du corps ou, plus simplement, la *densité.* La densité relative d'un corps est représentée par le même nombre que sa masse spécifique. Soient en effet 10^{cm^3} de fer dont la masse est 78^g ;

la masse spécifique du fer est $\frac{M}{V} = \frac{78}{10} = 7^g,8$ et sa densité relative est égale à $\frac{M}{10}$, c'est-à-dire au nombre 7,8.

21. Définition du poids spécifique. — *On appelle poids spécifique d'un corps le poids d'un centimètre cube de ce corps.*

Entre le poids spécifique et la masse spécifique d'un même corps, définis comme nous venons de le faire, il existe une relation très simple. On a en effet

$$p = mg,$$

p désignant le poids spécifique (14).

A Paris, par exemple, le poids spécifique du fer est $7{,}8 \times 981$ dynes.

Le poids spécifique d'un corps varie d'un lieu à un autre; mais si l'on prend le rapport entre le poids spécifique d'un corps et celui de l'eau dans le même lieu, ce rapport est constant; on l'appelle *poids spécifique relatif* du corps. Comme il est exprimé par le même nombre que la densité relative du même corps, dans le langage courant on appelle indifféremment *poids spécifique ou densité d'un corps le rapport de la masse de ce corps à la masse d'un égal volume d'eau à 4°.*

RÉSUMÉ DU CHAPITRE III

On caractérise mieux les corps par leur *masse* que par leur poids; le poids d'un corps varie légèrement d'un lieu à un autre; la masse est invariable. La masse d'un corps s'évalue en grammes-masse à l'aide de la balance.

La *balance* sert à comparer les masses des corps en utilisant leurs poids. Le corps à peser étant dans l'un des plateaux, agit sur ce plateau par son poids et fait incliner le fléau de ce côté. On ajoute alors des masses marquées dans l'autre plateau jusqu'à ce que l'aiguille de la balance revienne au 0 de la graduation; les masses marquées ont le même poids que le corps et, par suite, la même masse. Cette opération est une *simple pesée*; elle n'est exacte que si la balance est juste, c'est-à-dire si l'aiguille recouvre le 0 aussi bien quand les plateaux sont vides que quand ils sont pressés par des poids égaux. Pour faire une *double pesée*, on place le corps à peser dans un des plateaux, puis on établit l'équilibre dans l'autre plateau avec des corps quelconques. On enlève alors le corps et on le remplace par des masses marquées jusqu'à ce qu'il y ait de nouveau équilibre. Ces masses sont égales à la masse du corps.

Une balance est plus ou moins sensible suivant que la surcharge qu'il faut placer dans l'un des plateaux pour rompre l'équilibre du fléau est plus ou moins faible.

On appelle masse spécifique d'un corps la masse d'un centimètre cube de ce corps. Elle représente le quotient de la masse totale du corps par son volume. Pour l'eau, dont la masse spécifique est 1g à 4°, la masse et le volume sont exprimés par le même nombre.

La densité d'un corps est le rapport entre sa masse et celle d'un égal volume d'eau. La densité est exprimée par le même nombre que la masse spécifique.

EXERCICES SUR LE CHAPITRE III

5. Un corps a une masse équivalente à celle de 5^l d'eau à 4°. Quel est son poids à Paris?

6. Le volume d'une bille d'ivoire est 10^{cm^3} ; sa masse est 29^g ; quelle est la masse spécifique de l'ivoire?

7. On a un cylindre de liège dont la base a 3^{cm^2} et la hauteur 4^{cm}. La masse de ce cylindre est $2^g,88$. On demande : 1° la densité du liège ; 2° sa masse spécifique.

CHAPITRE IV

ÉTUDE DES LIQUIDES EN ÉQUILIBRE

22. Notion de la pression. — Quand un corps repose sur un support, il exerce sur ce support une certaine pression représentée par son poids. Considérons, pour simplifier, une sphère reposant sur un plan horizontal ; la pression exercée sur le plan est une force verticale représentant le poids P de la sphère. Comme celle-ci est en équilibre, tout se passe comme si le plan développait à son tour une force F, égale au poids P, mais dirigée en sens contraire.

La force F s'appelle la *réaction* du plan sur la sphère, et comme $F = P$, on dit que *la réaction est égale à l'action*. Ce principe est général et nous en verrons de nombreux exemples.

Les liquides, étant pesants, exercent des pressions sur le fond et sur les parois latérales du vase qui les contient ; de plus, les couches supérieures pesant sur les couches inférieures, les compriment et font naître des réactions de bas en haut. Outre les pressions dues à la pesanteur, un liquide est ou peut être soumis à des actions extérieures, comme les pressions mécaniques exercées en un point quelconque de sa masse. Toutes ces pressions sont *normales* (c'est-à-dire perpendiculaires) aux surfaces pressées quand le liquide est en équilibre.

23. La surface libre d'un liquide est plane et horizontale. — Pour démontrer très approximativement ce principe, on dispose un fil à plomb au-dessus d'un vase contenant de l'eau et on fait plonger la masse qui est suspendue au fil (*fig.* 27). Quand celui-ci est en équilibre, on en approche jusqu'au contact une équerre dont le petit côté s'applique sur la surface de l'eau et on constate alors que le fil suit exactement la direction du grand côté de l'angle droit. Donc la surface libre d'un liquide en équilibre est un plan *horizontal*.

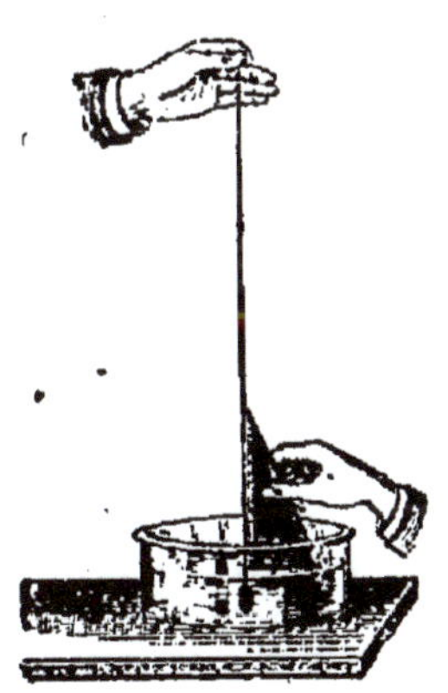

Fig. 27. — La surface libre d'un liquide est horizontale.

Cependant, il faut remarquer que, la Terre étant sensiblement sphérique, la surface libre d'une grande étendue d'eau est une surface courbe de même forme (*fig.* 28).

Fig. 28. — Surface de la mer, sur une très grande étendue.

24. Uniformité de pression sur un plan horizontal. — Prenons un tube de verre dont l'ouverture inférieure sera fermée par un obturateur, par exemple un fragment de carte mince qui sera maintenu contre l'ouverture à l'aide d'un fil fixé en son milieu (*fig.* 29). Introduisons le tube

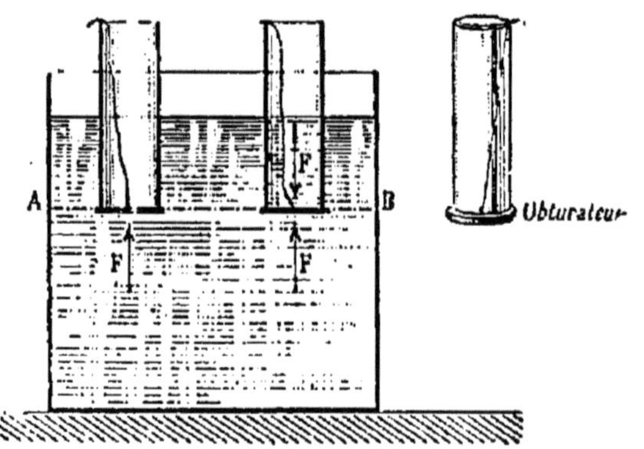

Fig. 29. — Évaluation de la pression sur un plan horizontal.

verticalement dans l'eau de manière que l'obturateur soit dans un plan horizontal quelconque AB, puis lâchons le fil : l'obturateur reste fixé au tube sous l'effet de la pression exercée par le liquide de bas en haut. Si nous versons de l'eau dans le tube, l'obturateur ne se détachera que lorsque le niveau de l'eau sera le même à l'intérieur qu'à l'extérieur. La pression exercée par la colonne d'eau versée mesure la pression F supportée par une surface du plan AB égale à la surface de l'obturateur. Si on déplace le tube de façon que l'obturateur reste toujours dans le plan AB, on constate qu'il se détache toujours sous la pression de la même colonne d'eau. Donc, *dans un liquide en équilibre, des surfaces égales prises sur un même plan horizontal supportent la même pression.*

Réciproquement, tout plan dans lequel des surfaces égales sont également pressées est horizontal ou, comme on dit quelquefois, est une *surface de niveau.* Il en est ainsi notamment pour la surface libre d'un liquide, c'est-à-dire la surface qui est en contact avec l'atmosphère; elle supporte en effet en tous ses points la même pression, qui est la pression atmosphérique (définie au n° 42).

25. Variation de la pression avec la profondeur. — Étant donné un liquide en équilibre, si l'on place successivement le tube à obturateur à deux niveaux différents (*fig.* 30) et en répétant chaque fois l'expérience précédente, on constate que la pression augmente avec la profondeur. *La différence des pressions entre deux surfaces égales situées à des niveaux différents est égale au poids d'une colonne liquide ayant pour base l'une des surfaces et pour hauteur la distance verticale des deux niveaux.*

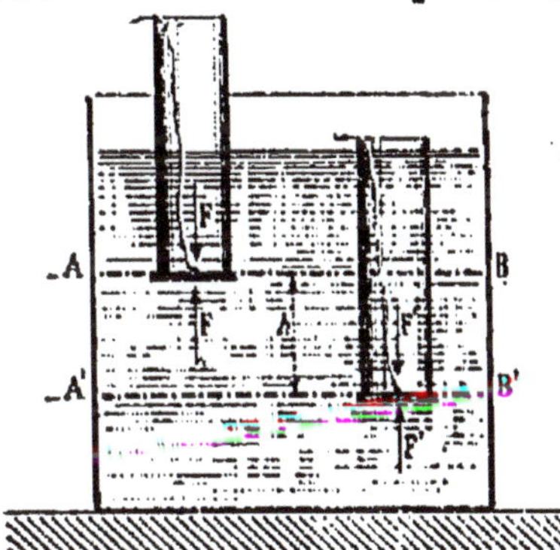

FIG. 30. — Variation de la pression avec la profondeur.

Conséquences. — On peut faire subir à un corps des pressions considérables en le descendant dans un liquide à une profondeur suffisante ; c'est ainsi qu'une boule de verre mince et creuse, lestée avec du plomb et descendue dans la mer, est bientôt brisée par suite de la pression qu'elle supporte. — Les thermomètres employés pour déterminer la température des océans à de grandes profondeurs sont munis d'une enveloppe métallique très épaisse et, par suite, très résistante. — Les bateaux sous-marins (40) sont construits avec des tôles d'une épaisseur en rapport avec la profondeur à laquelle ils pourront avoir à s'enfoncer, c'est-à-dire en rapport avec la pression qu'ils auront à supporter. — Les animaux qui vivent dans la mer à de très grandes profondeurs sont organisés en vue de résister aux pressions formidables qu'ils supportent. Ils appartiennent, de par leur organisation, à un certain niveau marin et ne peuvent pas vivre, à cause de la différence de pression, à des profondeurs de beaucoup supérieures ou inférieures. Dans les recherches marines qui ont pour but de les capturer, ils arrivent souvent à la surface de l'eau dans un état pitoyable, tout comme un aéronaute qui s'aventurerait à une altitude excessive : le trop grand écart entre sa pression intérieure et la pression extérieure lui ferait jaillir le sang par la bouche, le nez, les oreilles, etc., et la mort surviendrait.

26. Équilibre d'un liquide dans des vases communicants. — Pour étudier cet équilibre, on emploie un large vase (*fig.* 31), portant inférieurement un tube horizontal muni d'un robinet et d'une tubulure. Le vase étant rempli d'eau, on fixe successivement dans la tubulure des tubes de formes différentes et on constate que l'eau s'élève dans chacun de ces tubes jusqu'à ce qu'elle atteigne le niveau de la surface libre dans le vase.

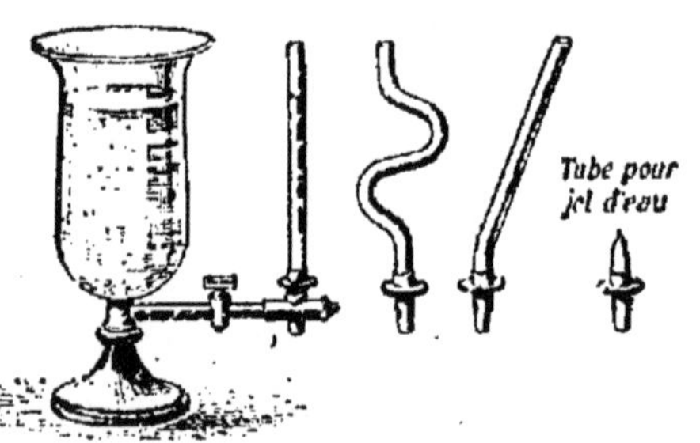

31. — Vérification expérimentale de l'équilibre d'un liquide dans des vases communicants.

On déduit de cette expérience que lorsqu'un liquide est en équilibre dans deux ou plusieurs vases qui communiquent entre eux, *les surfaces libres dans tous les vases sont situées dans un même plan horizontal.*

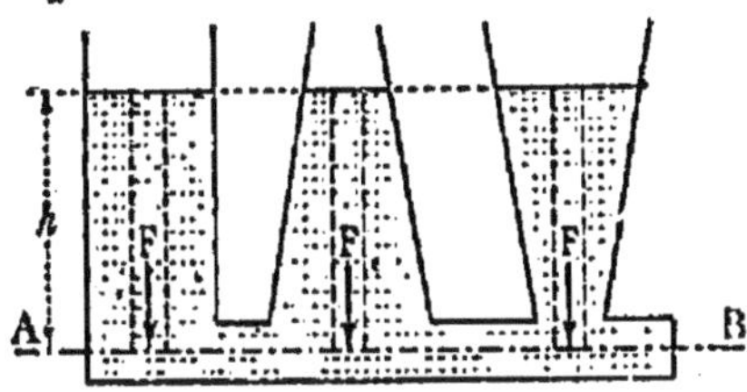

Fig. 32. — Surface libre d'un liquide dans des vases communicants.

Considérons un plan horizontal AB commun à plusieurs vases communicants (*fig.* 32) ; sur ce plan et dans chaque vase prenons une unité de surface ; toutes ces unités de surface doivent supporter la même pression, et il ne peut en être ainsi que si leur distance à la surface libre est la même.

27. Équilibre de plusieurs liquides dans un vase. — Pour étudier cet équilibre, on emploie un tube fermé aux deux bouts (*fig.* 33) et contenant : une huile légère, de l'alcool coloré, de l'eau saturée de carbonate de potassium pour qu'elle ne se mélange pas à l'alcool, et enfin du mercure. Quand on agite le tube, les liquides paraissent se mélanger ; mais dès qu'on le laisse au repos, le mercure, dont le poids spécifique est le plus grand, tombe au fond ; puis viennent successivement : l'eau chargée de carbonate, l'alcool, l'huile ; de plus, on constate que les surfaces de séparation de ces liquides sont horizontales.

Fig. 33. — Fiole des 4 éléments.

On déduit de cette expérience que si plusieurs liquides, n'exerçant l'un sur l'autre aucune action, sont contenus dans un même vase, *ils se superposent par ordre de poids spécifique décroissant de bas en haut.*

ÉVALUATION DES PRESSIONS DUES A LA PESANTEUR

28. Pression sur le fond horizontal d'un vase. — Pour étudier ces pressions, on prend trois vases sans fond A, B, C, de formes très différentes (*fig.* 34). La base horizontale de ces vases a la même surface; on y applique un obturateur suspendu par un fil enroulé sur une poulie et supportant un plateau. L'obturateur étant appliqué sur le vase A, on met une tare sur le plateau pour équilibrer le poids de l'obturateur et on ajoute un poids supplémentaire pour le maintenir sur la base du vase, puis on verse de l'eau dans le vase A jusqu'à ce que l'obturateur se détache. On repère alors la hauteur de l'eau qui a produit le déversement. En répétant successivement cette expérience avec les vases B et C, on constate que l'obturateur se détache dès que la hauteur de l'eau atteint le repère marqué pour le vase A. On déduit de cette expérience que *la pression exercée par un liquide sur le fond d'un vase est indépendante de la forme du vase.*

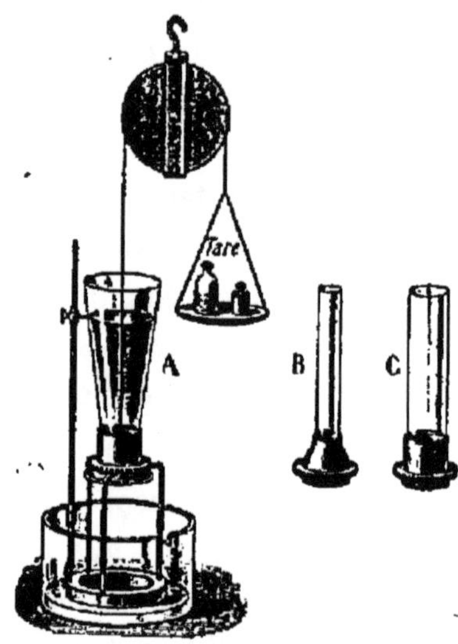

FIG. 34. — Appareil pour étudier les pressions sur le fond des vases.

Cette pression, comme nous le verrons plus tard, est égale *au poids d'une colonne de liquide ayant pour base le fond du vase et pour hauteur la distance verticale du fond à la surface libre.*

Si on appelle S la surface du fond d'un vase, h sa distance à la surface libre, p le poids spécifique du liquide, la pression F sur le fond est donnée par la formule

$$F = S \times h \times p,$$

dans laquelle F sera exprimée en dynes si S est exprimée en centimètres carrés et h en centimètres.

29. Pressions sur les parois latérales. — Si l'on pratique des ouvertures à différents niveaux dans les parois latérales d'un vase contenant un liquide, le liquide s'échappe avec d'autant plus de force que l'ouverture est plus rapprochée du fond ; il existe donc des pressions sur les parois latérales. On démontre que la pression exercée par un liquide sur une portion de surface d'une paroi latérale est égale *au poids d'une colonne liquide ayant pour base cette surface et pour hauteur la distance verticale de son centre de gravité à la surface libre.*

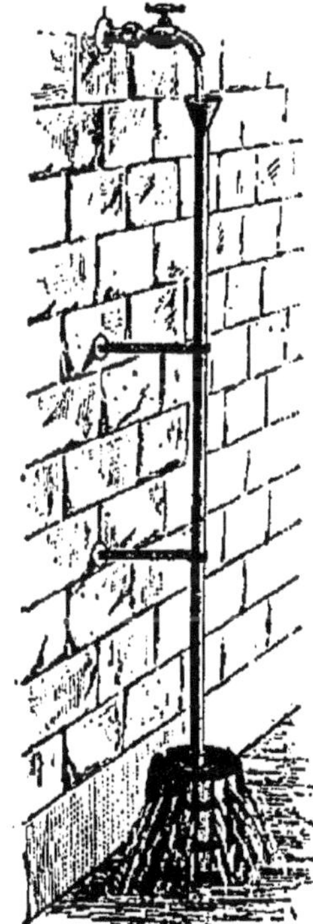

Fig. 35. — Expérience du crève-tonneau.

La pression exercée par un liquide sur une portion de paroi latérale ne dépendant que de la hauteur à laquelle il s'élève au-dessus, on conçoit que l'on puisse produire des pressions considérables avec une quantité de liquide relativement faible. Pascal fit à ce sujet une curieuse expérience : il assujettit solidement un tube long et étroit sur le fond supérieur d'un tonneau plein d'eau (*fig.* 35), puis il versa de l'eau dans le tube ; dès que celle-ci s'éleva à une hauteur un peu considérable, les douves du tonneau s'écartèrent sous l'influence des pressions énormes que l'eau exerçait sur elles.

On doit tenir compte des pressions qui s'exercent latéralement pour la construction des digues, barrages, portes d'écluses, réservoirs ; on donne plus d'épaisseur aux parties inférieures qu'à la partie supérieure.

30. **Pressions sur l'ensemble des parois.** — Si l'on place successivement sur un plateau de balance plusieurs vases de forme quelconque, mais ayant le même poids et contenant la même quantité d'eau, la balance accuse toujours la même augmentation de poids, et cette augmentation est précisément égale au poids du liquide contenu dans chaque vase.

On en conclut que toutes les pressions exercées par un liquide sur l'ensemble des parois du vase qui le contient ont une résultante unique égale au poids du liquide.

APPLICATIONS

31. **Applications de l'équilibre d'un liquide dans des vases communicants.** — Quand nous en étions au principe, nous avons conservé le mot consacré de *vases communicants*. Passant à l'application, nous devons faire remarquer que le mot vase peut recevoir toute l'extension que l'on veut : il s'applique à des nappes d'eau, des infiltrations, des conduites d'eau, etc. Aussi le principe de l'équilibre d'un liquide dans des vases communicants présente-t-il une foule d'applications ; nous citerons le niveau d'eau, les jets d'eau, la distribution de l'eau dans les villes, les puits ordinaires et les puits artésiens, les écluses.

Niveau d'eau. — C'est un instrument qui sert à mesurer la différence de niveau de deux points d'un terrain. Il se compose essentiellement d'un tube de laiton dont les extrémités, coudées à angle droit, supportent deux petites éprouvettes en verre (*fig.* 36) contenant de l'eau colorée jusqu'aux 3/4 environ de la hauteur. Pour se servir du niveau d'eau, on dispose le tube horizontalement sur un trépied et on place l'appareil entre les deux points A et B

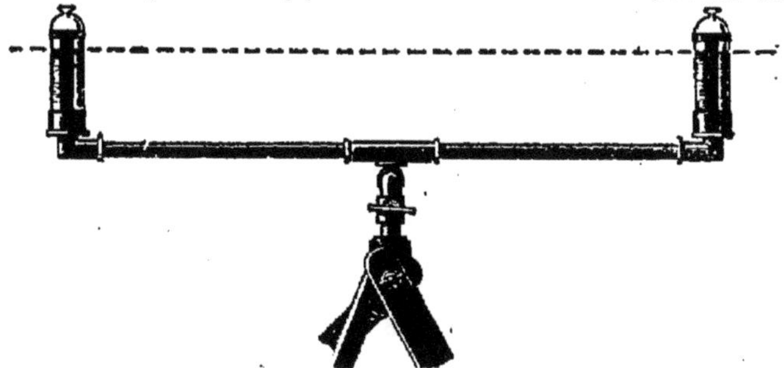

Fig. 36. — Niveau d'eau.

dont on veut déterminer la distance verticale (*fig.* 37). Un aide se transporte alors au point A avec une mire (on appelle ainsi une règle divisée munie d'une plaque partagée en quatre carrés peints avec des couleurs voyantes) ; il y place cette mire verticalement et, d'après les signes de l'opé-

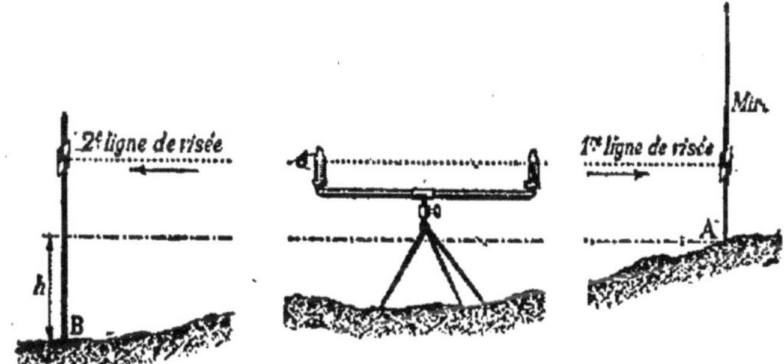

Fig. 37. — Emploi du niveau d'eau.

rateur qui a l'œil fixé sur le niveau, il élève ou abaisse la plaque jusqu'à ce que le centre de celle-ci coïncide avec le plan horizontal passant par les surfaces libres du liquide dans les deux éprouvettes. La même opération est ensuite répétée au point B. La différence *h* entre les deux distances successives du centre de la plaque au pied de la mire donne la différence de niveau des deux points A et B.

Jets d'eau. — Pour avoir un *jet d'eau,* il faut disposer un réservoir d'eau dans un endroit sensiblement plus élevé que l'orifice par lequel l'eau doit jaillir. Celle-ci tend à s'élever au même niveau que dans le réservoir, mais elle n'atteint pas tout à fait cette hauteur; cela tient à la fois aux frottements du liquide dans les tuyaux de conduite, à la résistance que l'air oppose au jet et à la chute des gouttelettes qui retombent sur celles qui montent.

Distribution d'eau dans les villes. — Elle se fait toujours d'après le principe des vases communicants. L'eau est généralement amenée dans de grands réservoirs qui dominent le faîtage des maisons à desservir, et de là elle se répand dans la canalisation, montant jusqu'aux derniers étages des habitations, avec une tendance à regagner le niveau qu'elle a dans le réservoir (tendance seulement, car avec toutes les prises d'eau qui se font simultanément sur la canalisation, la pression se trouve bien diminuée).

A Paris et dans beaucoup de grandes villes, il y a deux canalisations : une pour l'eau de lavage et d'arrosement (voie publique, cours, industrie, etc.), une autre pour l'eau destinée aux usages domestiques. L'eau d'arrosement étant utilisée au niveau du sol n'a pas besoin d'avoir autant de pression que celle qui doit monter en haut des maisons; comme elle est prise dans la Seine, la Marne, et élevée coûteusement au moyen de pompes, on se contente de la faire monter dans des réservoirs placés à un niveau aussi bas que possible.

De même, dans beaucoup de villes où les maisons sont étagées, on répartit la distribution en zones afin de ne pas faire monter toute l'eau à grands frais jusqu'au point culminant; des réservoirs sont placés à deux ou trois niveaux différents, desservant les uns la partie basse, d'autres la partie moyenne, etc. de la ville.

Nous ne parlerons pas de la distribution de l'eau employée dans la grosse industrie comme force motrice : les villes comme Genève, Grenoble qui la fournissent dans leur distribution générale sont tout à fait l'exception. (L'usine de Genève, installée sur la chute du Rhône, dont l'eau s'engouffre dans des turbines actionnant des pompes, est remarquable.) En général, l'eau des villes n'est qu'à une pression de 40 à 50^{m} (pour employer le langage consacré) et les moteurs hydrauliques fonctionnent souvent à une pression de 500^{m} et plus, cessant d'être avantageux au-dessous.

Les travaux faits pour assurer le service des eaux à Paris ont coûté près d'un demi-milliard. L'eau pour usages domestiques s'y vend 0^{fr},35 le mètre cube; c'est un prix moyen; à Nancy, à Pau, elle coûte 0^{fr},10; à Constantinople, 0^{fr},90.

Puits artésiens. — Les *puits artésiens* sont des trous étroits, forés à la sonde, qui pénètrent jusqu'à une nappe d'eau et dans lesquels l'eau s'élève naturellement à une hauteur plus ou moins grande. La figure 38 montre leur disposition théorique. Si l'on fore des puits en des points du sol situés à des niveaux plus élevés que celui de la nappe, l'eau s'y élèvera jusqu'à ce qu'elle ait atteint ce dernier niveau et on aura un *puits ordinaire.*

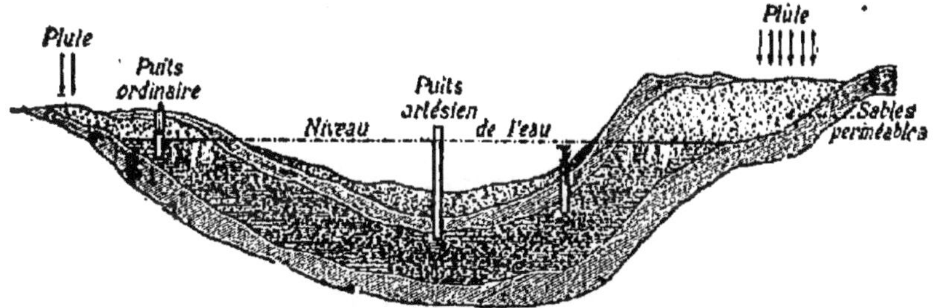

Fig. 38. — Puits artésien et puits ordinaire.

Écluses. — Les *écluses* sont de courtes portions de canal qu'on peut isoler à volonté, au moyen de portes, soit de la partie amont, soit de la partie aval. Les deux parties du canal séparées par une écluse s'appellent le bief supérieur et le bief inférieur; l'eau y est à des niveaux différents. L'écluse sert de trait d'union entre les deux biefs, en raison de ce que l'eau peut y être mise alternativement au niveau de l'un et de l'autre. Pour faire passer un bateau d'un bief dans l'autre, on ferme une porte, on ouvre l'autre, et on amène ainsi l'eau dans l'écluse au niveau du bief où est le bateau; celui-ci s'avance dans l'écluse; ensuite on ferme la porte ouverte, on ouvre la porte fermée, et le niveau s'établit toujours avec le bief où il s'agissait d'amener le bateau, qui n'a plus qu'à continuer sa route.

La figure 39 montre les opérations de passage d'un bateau d'aval en amont (suivant que les portes A et B sont tracées en pointillé ou en trait plein, elles sont ouvertes ou fermées). Au moyen d'une série d'écluses échelonnées sur un canal on peut ainsi faire circuler des bateaux d'un point à un autre beaucoup plus élevé, et les canaux font en effet souvent communiquer des cours d'eau ayant une grande différence d'altitude.

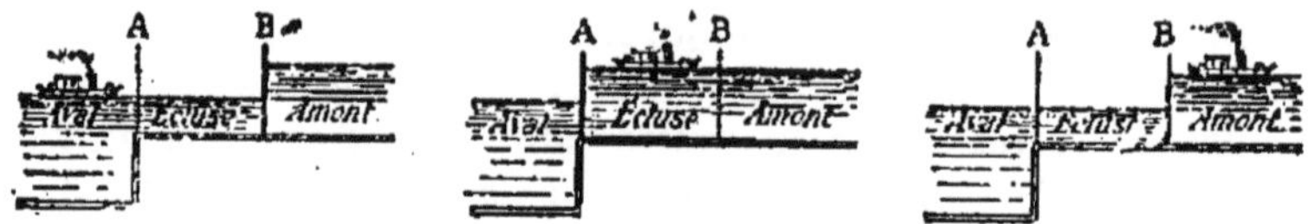

Fig. 39. — Passage d'un niveau inférieur à un niveau supérieur.

La figure 40 représente une porte d'écluse à deux vantaux ; la porte est fermée, et c'est simplement par une vanne (appelée *antelle*) que l'eau coule.

Fig. 40. — Écluse.

32. Niveau à bulle d'air. — Le niveau à bulle d'air est une application de la superposition d'un gaz et d'un liquide dans un même vase ; il sert principalement à vérifier si une surface plane est horizontale. Il se compose d'un tube de verre légèrement arqué (*fig.* 41), rempli presque entièrement par un liquide très mobile comme l'alcool ou l'éther. Ce tube est enchâssé dans une gaine de laiton, fixée sur une tablette dressée. L'instrument est réglé de telle manière que lorsque la tablette repose sur un plan bien horizontal, celui-ci se trouve être parallèle à la surface du liquide dans le tube ; la bulle d'air qu'on y a laissée, au remplissage, occupe alors le sommet de la courbure, et ses extrémités correspondent à deux repères fixes, qui sont ordinairement constitués par des bandes transversales de laiton appliquées sur le tube. Pour reconnaître si une surface est horizontale, on place le niveau sur cette surface dans deux directions sensiblement perpendiculaires : si dans ces deux positions successives la bulle d'air vient se placer exactement entre les deux repères, la surface est horizontale, puisqu'elle contient deux droites horizontales.

Fig. 41. — Niveau à bulle d'air.

Ce niveau, à cause de sa sensibilité et de son petit volume, est souvent disposé sur une planchette à trépied et lunette pour remplacer dans les travaux de nivellement le niveau d'eau ordinaire des arpenteurs. Enfin certaines machines mobiles (locomobiles, machines à battre, etc.), ainsi que les instruments de physique de précision qu'il importe de fixer bien horizontalement après chaque déplacement, sont munis d'un niveau à bulle d'air.

33. Applications des pressions latérales. Vases à réaction. — Considérons un petit vase cylindrique rempli d'eau et soutenu par un flotteur (*fig.* 42) ; sur deux portions égales de paroi a et a', diamétralement opposées, les pressions exercées par le liquide sont égales et de sens

Fig. 42. — Vase à réaction.

contraires et se font équilibre. Si l'on supprime la portion de paroi a, la pression qui s'exerçait sur cette portion fait jaillir le liquide ; la pression qui s'exerce sur a' n'étant plus contre-balancée, tend a imprimer au vase un mouvement en sens inverse de l'écoulement.

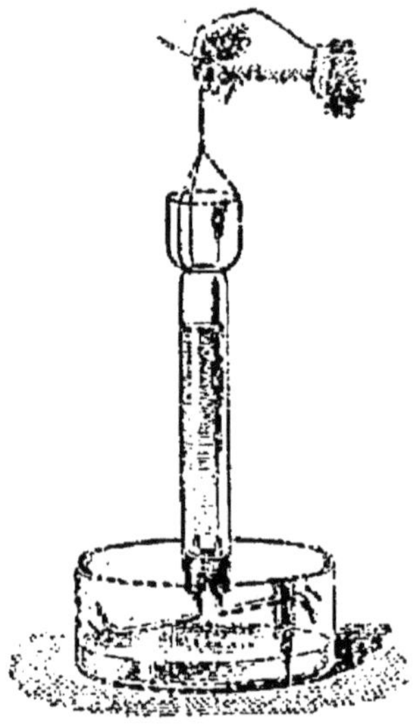

Fig. 43. — Tourniquet hydraulique.

Le *tourniquet hydraulique* (*fig.* 43) repose sur le même principe. Il se compose d'un verre de lampe que l'on soutient à la partie supérieure par un fil disposé comme l'indique la figure 43. Ce verre est fermé à la partie inférieure par un bouchon percé de deux trous, qui laisse passer deux tubes de verre dont les extrémités sont recourbées en sens contraires. Dès que le verre contient de l'eau, celle-ci s'écoule par les extrémités des tubes et l'appareil prend un mouvement de rotation en sens contraire de l'écoulement.

Dans l'industrie, on utilise les réactions produites par l'écoulement des liquides dans certains moteurs hydrauliques connus sous le nom de *turbines*. Ces moteurs se composent d'une cuve en fonte, percée inférieurement d'une série d'ouvertures ou aubes fixes F, F', à parois inclinées (*fig.* 44). Au-dessous de ces aubes fixes, se trouvent des aubes mobiles M, M', inclinées en sens contraire et constituant la turbine proprement dite. Celle-ci est calée sur un arbre moteur vertical qui transmet le mouvement aux appareils à actionner. L'eau arrive du bief d'amont dans la cuve et pénètre dans les canaux formés par les aubes fixes ; elle en sort dans la direction de ces aubes, va réagir sur les parois des aubes mobiles, qu'elle met ainsi en mouvement, et s'échappe finalement dans le bief d'aval.

On règle la vitesse de la turbine en faisant varier par une vanne la quantité d'eau qui pénètre dans la cuve et aussi au moyen d'obturateurs qui découvrent plus ou moins les ouvertures des aubes fixes.

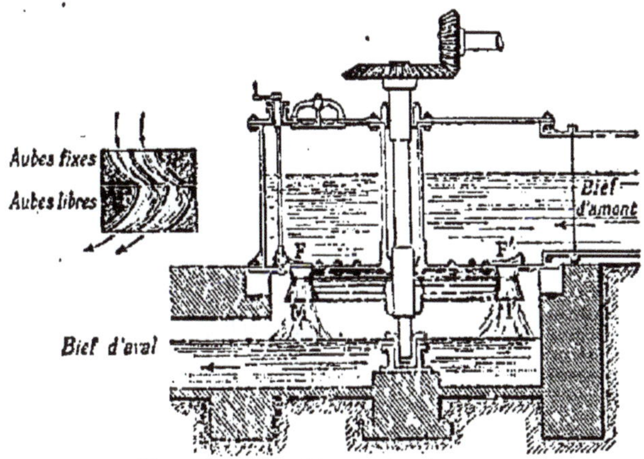

Fig. 44. — Turbine à réaction.

L'emploi des turbines prend une extension considérable. Depuis qu'on capte partout l'énergie des chutes d'eau pour l'utiliser sous toutes les formes (en passant le plus souvent par la forme intermédiaire et si commode d'énergie électrique), la turbine s'est répandue à l'infini. Il n'est pas jusqu'au modeste moulin qui ne remplace maintenant sa roue à aubes par une turbine. — Nous verrons plus loin que la turbine à vapeur semble aussi avoir une tendance à remplacer la machine à vapeur à laquelle nous sommes habitués.

34. Notions élémentaires de capillarité. — La capillarité constitue, en quelque sorte, une exception aux conditions d'équilibre des liquides. Les phénomènes qu'elle produit ont d'abord été observés dans des tubes dont le diamètre était assez étroit pour pouvoir être comparé à celui d'un cheveu ; c'est ce qui leur a fait donner le nom de *phénomènes capillaires*.

Si l'on examine la surface libre d'un liquide en équilibre, on voit que près des parois verticales elle cesse d'être plane ; à un centimètre environ de ces parois la surface commence à se relever ; elle remonte le long de la paroi en formant une courbe dont la concavité est tournée vers le haut (*fig.* 45). D'après cela, si l'on plonge dans un vase un tube dont le diamètre est inférieur à 2cm, non seulement la surface libre du liquide dans le tube ne sera pas horizontale, mais elle sera à un niveau plus élevé que dans le vase et formera une courbe concave.

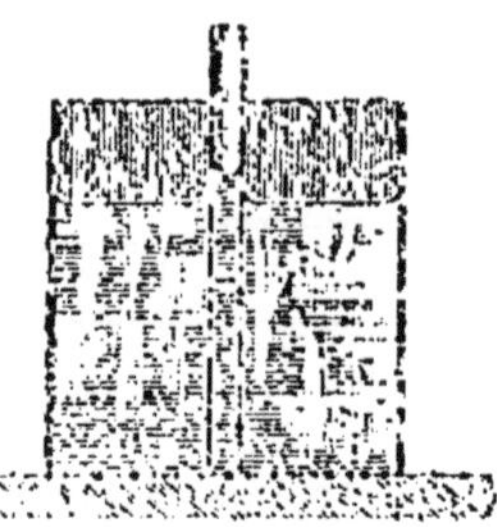

Fig. 45. — Ascension capillaire d'un liquide qui mouille les parois.

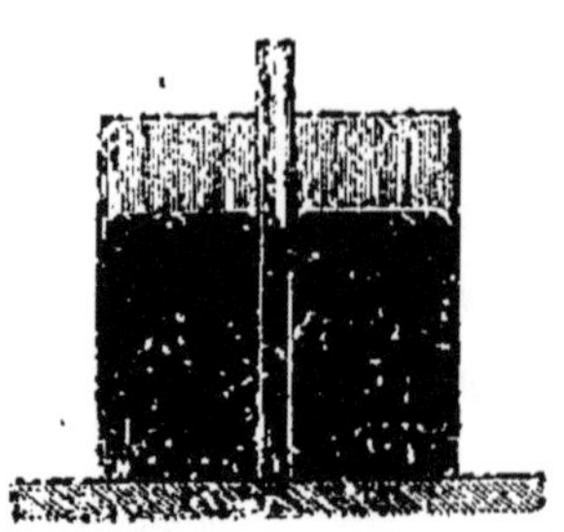

Fig. 46. — Dépression capillaire d'un liquide qui ne mouille pas les parois.

Supposons maintenant que l'on place dans le même appareil un liquide qui ne mouille pas les parois, du mercure par exemple. Un phénomène inverse se produira. Il y aura une dépression convexe le long des parois; le mercure s'élèvera dans le tube à un niveau inférieur au niveau extérieur et sa surface libre sera une courbe convexe (*fig.* 46).

La capillarité joue un rôle important dans l'ascension de la sève chez les végétaux. C'est à la capillarité que sont dues l'imbibition rapide d'un morceau de sucre ou de craie plongé dans l'eau par un de ses points, l'ascension rapide de l'huile ou de l'alcool dans une mèche de coton. On attribue à un phénomène de capillarité l'ascension de l'eau dans les terres arables, eau qui provient des couches profondes et plus humides qu'elles. Ce fait a une grande importance en temps de sécheresse.

RÉSUMÉ DU CHAPITRE IV

Les liquides exercent des pressions sur les parois du vase qui les renferme, parce qu'ils sont pesants.

La surface libre d'un liquide en équilibre est plane et horizontale.

Dans un liquide en équilibre, des surfaces égales prises sur un même plan horizontal supportent la même pression. La différence des pressions exercées sur deux surfaces égales situées à des niveaux différents est égale au poids d'un cylindre de liquide ayant pour base l'une des surfaces et pour hauteur la distance verticale des deux niveaux. La pression augmente avec la profondeur.

Lorsqu'un liquide est contenu dans des vases communicants, il ne peut y avoir équilibre que si les surfaces libres dans tous les vases sont situées dans un même plan horizontal.

Plusieurs liquides contenus dans un même vase sont en équilibre lorsqu'ils sont superposés par ordre de poids spécifique décroissant de bas en haut.

La pression supportée par le fond d'un vase est égale au poids d'une colonne de liquide ayant pour base le fond du vase et pour hauteur la distance verticale du fond à la surface libre. Cette pression ne dépend donc pas de la forme du vase.

Les liquides exercent aussi des pressions latérales. Sur l'ensemble des parois, les pressions ont une résultante unique égale au poids du liquide.

Les applications de l'équilibre d'un liquide dans des vases communicants sont : le niveau d'eau, qui sert à mesurer la différence de niveau de deux points d'un terrain ; la distribution de l'eau dans les villes, etc.

Les pressions latérales sont mises en évidence dans les vases à réaction (tourniquet hydraulique).

EXERCICES SUR LE CHAPITRE IV

8. Quelle est la pression supportée par le fond d'un vase cylindrique contenant du mercure, sachant que le rayon du cercle qui forme le fond est 5^{cm} et que la surface libre du liquide est à $12^{cm},5$ au-dessus du fond ? On évaluera cette pression en kilogrammes-poids. La masse spécifique du mercure est $13^{g},6$.

9. Un bateau, dont la partie inférieure a 35^{m} de long sur $3^{m},50$ de large, est immergé dans une rivière aux 3/4 de sa hauteur extérieure, laquelle est de $2^{m},50$. Quelle est, de bas en haut, la pression exercée par l'eau sur le fond du bateau ?

CHAPITRE V

PRINCIPE D'ARCHIMÈDE. — CORPS FLOTTANTS

35. Considérations générales. — Les corps plongés dans les liquides se trouvent dans les mêmes conditions que les parois mêmes des vases ; ils supportent donc des pressions et, comme ces pressions sont plus fortes sur les parties qui sont plus profondément immergées, l'ensemble des pressions ou, autrement dit, leur résultante, agit sur le corps de bas en haut. Cette résultante est d'autant plus forte que le volume du corps immergé est plus grand, par suite que le volume du liquide déplacé est plus considérable. Ainsi l'eau supporte une grosse poutre et non une fine aiguille ; un énorme navire flotte à sa surface, tandis qu'un simple grain de sable s'y enfonce ; cela tient à ce que l'aiguille et le grain de sable ne déplacent qu'une petite quantité d'eau dont la pression est inférieure à leur poids, tandis que la pression de l'eau que pourrait déplacer le navire ou la poutre serait bien supérieure à son poids.

C'est Archimède qui, le premier, détermina la valeur exacte de la résultante des pressions subies par les corps immergés.

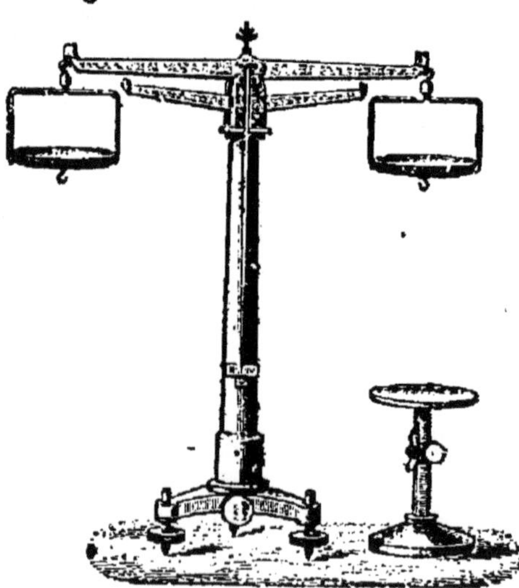

Fig. 47. — Balance hydrostatique.

36. Démonstration du principe d'Archimède. — Pour établir le principe d'Archimède, on prend une éprouvette graduée et une balance ordinaire, de préférence une balance *hydrostatique.* On appelle ainsi une balance spéciale à haute colonne et à courts plateaux munis en dessous d'un crochet (*fig.* 47).

On suspend par un fil un corps de forme quelconque sous l'un des plateaux de la balance et on établit l'équilibre en mettant une tare dans l'autre plateau (*fig.* 48). On verse alors dans une éprouvette graduée un volume d'eau déterminé (300$^{cm^3}$ par exemple), puis on dispose l'éprouvette au-

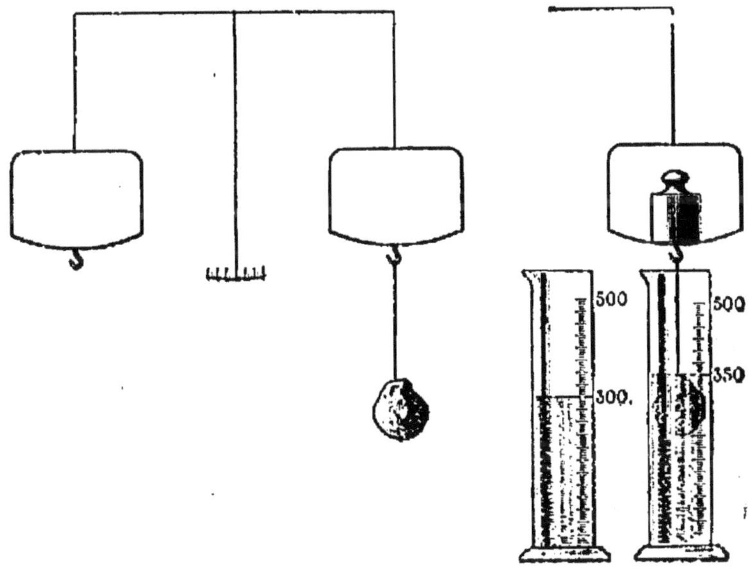

FIG. 48. — Vérification du principe d'Archimède.

dessous du plateau qui supporte le corps, de manière que celui-ci soit complètement immergé. L'équilibre est rompu par suite de la poussée éprouvée par le corps. Supposons que le niveau de l'eau ait monté de 300 à 350$^{cm^3}$: c'est que le volume du corps est 50$^{cm^3}$; on constate qu'il suffit, pour rétablir l'équilibre, de placer 50^{g} dans le plateau qui supporte le corps. Donc la poussée éprouvée par le corps est égale au poids de l'eau déplacée.

On déduit de cette expérience que ***sur tout corps plongé dans un liquide s'exerce une force verticale dirigée de bas en haut et égale*** *au poids du liquide déplacé.* Cette force, appelée ordinairement *poussée* du liquide, est appliquée au point qui serait le centre de gravité du volume occupé par le corps et supposé plein du liquide.

37. **Conséquences du principe d'Archimède.** — Il résulte du principe d'Archimède que tout corps immergé dans un liquide en équilibre est soumis à deux forces : son *poids* P, et la *poussée* F, dirigée en sens contraire. Si le corps est homogène, le poids et la poussée sont directement opposés. Trois cas peuvent se présenter :

1° *Le poids est supérieur à la poussée.* — Le corps abandonné à lui-même dans le liquide est soumis à une force qui a pour valeur la différence P—F ; il tombe dans le liquide, mais moins vite que s'il tombait dans l'air. On réalise ce cas en mettant un morceau de plomb dans l'eau (*fig.* 49).

Fig. 49. — Le poids est supérieur à la poussée.

2° *Le poids est égal à la poussée.* — Les deux forces étant égales, se font équilibre, et le corps peut rester immobile dans le liquide. C'est le cas d'une bille d'ivoire plongée dans de l'acide sulfurique concentré (*fig.* 50).

Fig. 50. — Le poids est égal à la poussée.

Fig. 51. — Le poids est inférieur à la poussée.

3° *Le poids est inférieur à la poussée.* — C'est le cas

d'un bouchon placé dans l'eau (*fig.* 51). Le corps est sollicité de bas en haut par une force ayant pour valeur la différence F — P ; il remonte et finit par sortir en partie du liquide. Au fur et à mesure qu'il émerge, la poussée décroît progressivement en même temps que diminue le volume du liquide déplacé, et il arrive un moment où cette poussée est égale au poids du corps. Celui-ci est alors en équilibre : on dit qu'il *flotte*. D'après cela, pour qu'un corps homogène soit en équilibre, il faut que son poids soit égal au poids du liquide déplacé.

Remarque. — Quand le corps immergé n'est pas homogène, les deux forces P et F ont des points d'application distincts ; mais la force qui agit sur le corps a toujours pour valeur la différence P — F. Les trois cas examinés plus haut peuvent encore se présenter. On les réalise en mettant un œuf successivement dans l'eau pure, dans l'eau contenant du sel en proportions convenables et dans l'eau saturée de sel, ou encore au moyen d'un petit appareil appelé *ludion*.

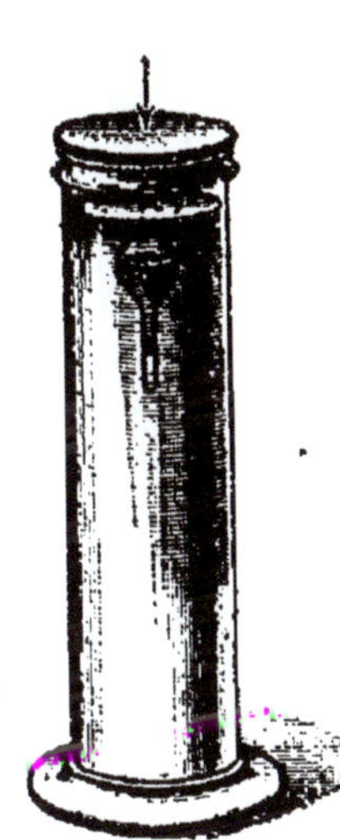

Fig. 52. — Ludion.

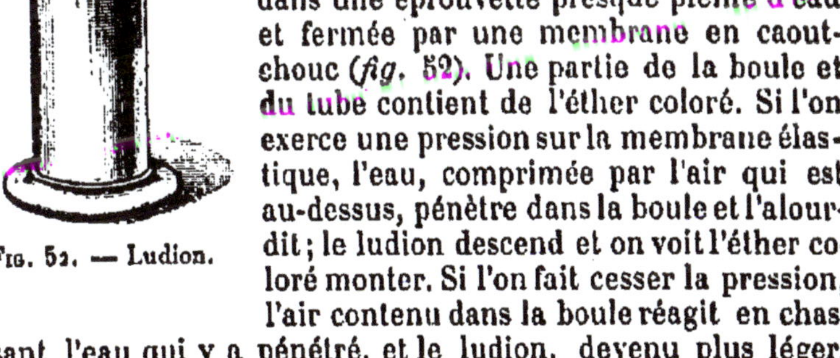

Le ludion est une petite boule de verre creuse, terminée par un tube droit, placée dans une éprouvette presque pleine d'eau et fermée par une membrane en caoutchouc (*fig.* 52). Une partie de la boule et du tube contient de l'éther coloré. Si l'on exerce une pression sur la membrane élastique, l'eau, comprimée par l'air qui est au-dessus, pénètre dans la boule et l'alourdit ; le ludion descend et on voit l'éther coloré monter. Si l'on fait cesser la pression, l'air contenu dans la boule réagit en chassant l'eau qui y a pénétré, et le ludion, devenu plus léger, vient flotter à la surface du liquide.

APPLICATIONS

38. Aréomètres. — ***Les aréomètres sont des flotteurs lestés de manière à s'enfoncer verticalement dans les liquides.*** On leur donne la forme d'un flotteur cylindrique ou ovoïde en verre creux, lesté inférieurement par une petite ampoule contenant du mercure ou des grains de plomb (*fig.* 53) ; ce flotteur est surmonté d'une tige cylindrique portant la graduation. Lorsqu'un aréomètre ainsi construit est placé dans un liquide, il y a équilibre quand le liquide déplacé et l'aréomètre ont le même poids, et, par suite, la même masse.

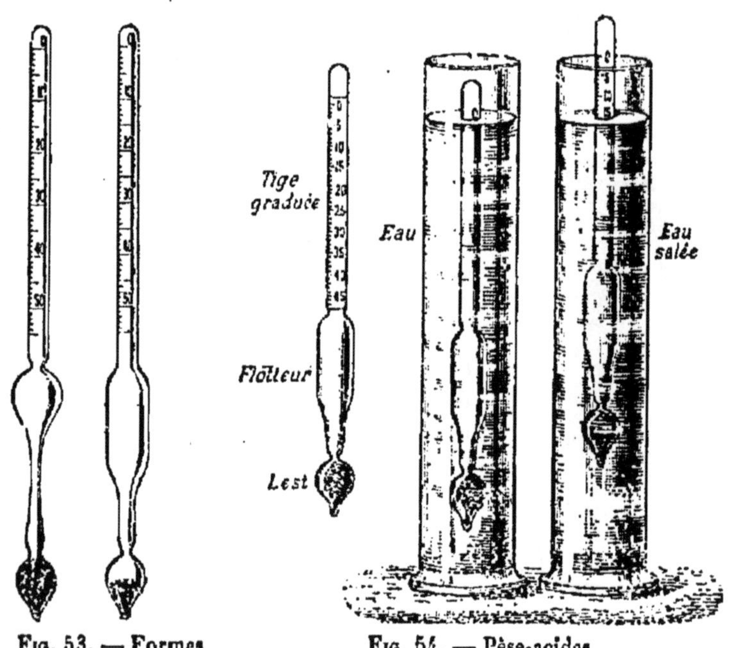

FIG. 53. — Formes d'aréomètres.

FIG. 54. — Pèse-acides.

Nous décrirons comme exemple le *pèse-acides de Baumé*, destiné aux liquides plus denses que l'eau.

Pour graduer un pèse-acides, on le leste de manière qu'il s'enfonce jusque vers le haut de la tige dans l'eau pure; on marque 0 au point d'affleurement (*fig.* 54). On le plonge ensuite dans de l'eau salée formée avec 15 parties de sel et 85 parties d'eau. Cette dissolution étant plus dense que l'eau, l'instrument s'enfonce moins; on marque 15 au point d'affleurement. Il ne reste plus qu'à diviser l'intervalle entre 0 et 15 en 15 parties égales et à prolonger les degrés jusqu'au bas de la tige. La graduation va généralement de 0 à 70.

Les pèse-acides sont employés soit pour surveiller la fabrication et la concentration des acides, des sirops de sucre, des dissolutions salines, soit pour s'assurer de leur valeur, la plupart de ces produits étant vendus d'après leur concentration.

39. **Applications diverses.** — Outre l'emploi des aréomètres, le principe d'Archimède a des applications très variées. Il explique pourquoi un navire s'enfonce moins dans la mer que dans l'eau douce, pourquoi les poissons peuvent descendre ou monter dans l'eau en comprimant plus ou moins leur vessie natatoire. Il fait comprendre pourquoi, lorsqu'on veut renflouer un navire échoué sur un bas-fond, on lui accole des bateaux chargés : c'est que ceux-ci, quand on les décharge, tendent à se soulever et à soulever en même temps le navire auquel ils sont accolés. Il nous explique aussi pourquoi les corps des noyés remontent à la surface de l'eau au bout de quelques jours : c'est parce que la décomposition dégage des gaz qui rendent ces corps plus légers que l'eau.

Une foule d'appareils sont des applications du principe d'Archimède : nous citerons les *ceintures de sauvetage*, les *bouées*, les *bateaux sous-marins*, les *flotteurs* destinés à indiquer le niveau de l'eau dans les chaudières des machines à vapeur ou le niveau des liquides dans les bacs-jauge.

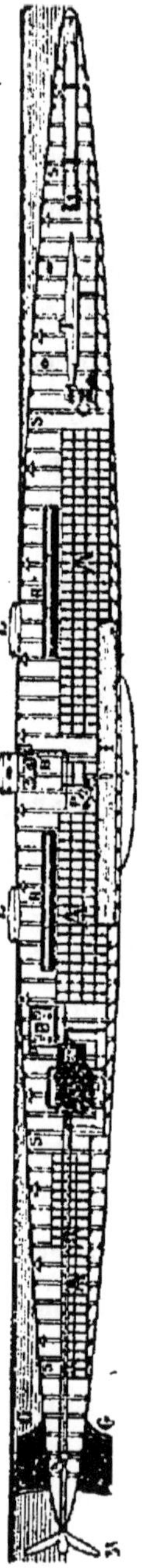

40. Bateaux sous-marins. — Un bateau sous-marin (*fig.* 55) se compose d'une coque en forme de fuseau et à section transversale généralement circulaire. Cette coque est en acier; son épaisseur est calculée de manière que le bateau puisse résister aux pressions extérieures qu'il aura à supporter; l'épaisseur des tôles dépend donc de la profondeur à laquelle le bateau, suivant son type, pourra avoir à s'enfoncer (généralement 100^{m}, correspondant à une pression de 10^{kg} environ par cent. carré). Au fond du bateau sont disposés des compartiments fermés contenant de l'eau. Ces compartiments à lest liquide, appelés *water-ballasts*, sont construits très solidement, pour pouvoir supporter la pression de l'air comprimé qui sert à en chasser l'eau quand on veut alléger le navire pour le faire remonter. Enfin une hélice disposée à l'arrière sert à faire avancer le bateau.

Un sous-marin est muni de *pompes*

Fig. 55. — Coupe longitudinale, verticale, d'un bateau sous-marin (Le *Gustave Zédé n° 2*)

Longueur, 45^{m}; diamètre, 3^{m},30; déplacement, 260 tonneaux; puissance du moteur électrique, 750 chevaux. — A, accumulateurs; M, moteur; D, tableau de distribution; P, pompe d'immersion; I, caisse d'immersion; G, gouvernails verticaux; B, roue du gouvernail; H, hélice; C, compresseur d'air; R, réservoirs d'air; T, torpille; L, tube lance-torpille; O, poste du commandant; S, cloisons étanches; E, panneaux d'embarquement.

diverses; de *réservoirs à air comprimé* servant à produire l'émersion du bateau et la ventilation; d'*appareils* spéciaux *de vision* qui permettent d'observer l'horizon, même quand le bateau est légèrement immergé (de 10 à 50cm); de *compas de route*; de *manomètres* indiquant la pression extérieure et par suite la profondeur à laquelle se trouve le bateau; enfin de *moteurs* (électrique, à pétrole, ou même à vapeur pour certains submersibles), destinés à actionner l'hélice, les pompes, etc.

On pénètre dans les sous-marins par des ouvertures étroites, fermées en temps ordinaire par des bouchons.

Nous présentons le sous-marin comme étant une application du principe d'Archimède; assurément rien de ce qui est dans l'eau n'y échappe. Mais ici d'autres actions interviennent; aussi quand un sous-marin plonge ou remonte, on ne peut pas le comparer simplement au ludion (37). Le poids d'un sous-marin est un peu inférieur à celui de l'eau déplacée, et on pourrait croire qu'il faut le rendre supérieur pour obtenir la *plongée*; on alourdit en effet le bateau en ouvrant les vannes des water-ballasts (c'est même quelquefois inutile), mais seulement de façon à rendre le poids *légèrement inférieur* à celui de l'eau déplacée: ce sont l'hélice et les gouvernails horizontaux (il y en a deux ou trois paires) qui font le reste (1). Le sous-marin ne peut donc plonger qu'en marche. Pour produire l'*émersion*, on pompe l'eau des water-ballasts ou plus souvent on la chasse par de l'air comprimé. Par mesure de sûreté, un autre moyen est en

(1) Nous ne pouvons pas expliquer ici exactement comment se fait la plongée. Il faut d'ailleurs beaucoup de doigté pour donner aux divers gouvernails l'inclinaison qui doit faire plonger le bateau parallèlement à lui-même. Il s'enfonce sous l'influence des efforts verticaux dirigés de haut en bas qui sont les composantes des réactions dues au mouvement des gouvernails dans l'eau. Le phénomène est comparable à l'élévation verticale d'un cerf-volant placé obliquement par rapport au vent.

réserve qui peut permettre au bateau de remonter : par un simple déclic, on déleste le bateau d'un poids (*poids de sécurité*) placé sous la quille.

Les sous-marins présentent sur les torpilleurs le grand avantage de pouvoir approcher assez du but à atteindre pour être assurés du tir ; ils lancent des *torpilles automobiles*, qui sont de véritables petits sous-marins automatiques. La torpille est placée dans un tube d'où une chasse d'air comprimé la fait partir au moment voulu.

On ne s'est servi jusqu'à présent des sous-marins que comme *combattants*, mais on peut prévoir qu'ils seront utilisés dans l'avenir pour les pêcheries sous-marines à de grandes profondeurs, pour le renflouement des épaves profondément immergées, etc. Le rayon d'action des sous-marins serait considérablement augmenté si les tentatives qui sont faites pour utiliser l'air liquide comme moteur venaient à réussir.

Remarque. — Certains bateaux sous-marins appelés *submersibles* sont construits spécialement en vue d'une bonne navigation à la surface de l'eau, et on ne produit leur immersion qu'au combat. Ce sont en somme des torpilleurs susceptibles de plonger pour faire une attaque. Ils ont deux moteurs distincts, l'un (à pétrole ou à vapeur) pour la navigation sur l'eau, l'autre (électrique) pour la navigation en plongée. Ils ont aussi une double coque (*fig.* 56); la coque intérieure a une section circulaire comme celle des sous-marins proprement dits; la coque extérieure est analogue à celle des torpilleurs ordinaires. L'espace entre les deux coques est divisé en compartiments qui forment les water-ballasts.

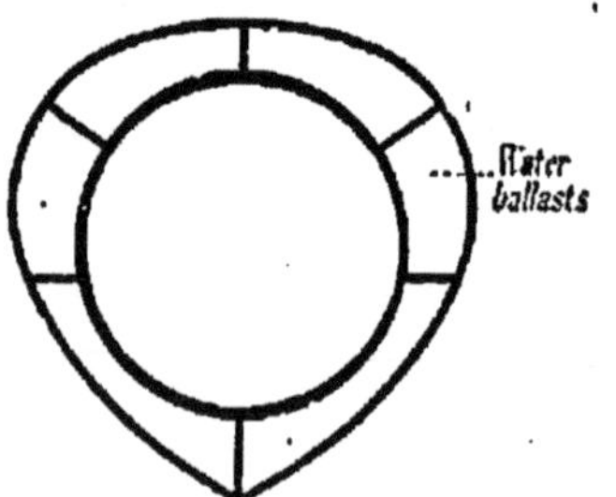

Fig. 56. — Coupe schématique du submersible le *Narval*.

RÉSUMÉ DU CHAPITRE V

Tout corps plongé dans un liquide en équilibre est soumis à une force verticale de bas en haut, égale au poids du liquide qu'il déplace (principe d'Archimède). On établit ce principe avec une balance et une éprouvette graduée.

Tout corps immergé dans un liquide est soumis à deux forces de sens contraires : son poids P et la poussée F. Si $P > F$, le corps tombe. Si $P = F$, le corps reste immobile dans le liquide. Si enfin $P < F$, le corps remonte et finit par sortir en partie du liquide ; il est en équilibre lorsque son poids est égal au poids du liquide déplacé ; on dit alors qu'il *flotte*.

Les *aréomètres* sont des flotteurs lestés de manière à s'enfoncer verticalement dans les liquides. Ils comprennent une tige graduée, un renflement cylindrique et une ampoule contenant le lest. Pour le pèse-acides, la graduation est déterminée par l'eau (degré 0) et l'eau salée formée de 15 parties de sel et 85 parties d'eau (degré 15).

Une foule d'appareils sont des applications du principe d'Archimède (bouées, flotteurs, bateaux sous-marins).

L'immersion des bateaux sous-marins s'obtient par introduction d'eau dans des compartiments fermés (water-ballasts). On chasse cette eau avec de l'air comprimé pour produire l'émersion.

EXERCICES SUR LE CHAPITRE V

10. Un cylindre droit en bois d'orme (masse spécifique $0^{g},8$) flotte sur l'eau de manière que son axe soit vertical. On demande la hauteur qui émerge au-dessus de l'eau. La hauteur totale du cylindre est 30^{cm}.

11. Quel effort exigerait, pour être maintenu dans du mercure, un décimètre cube de fer, la masse spécifique du mercure étant 13,6 et celle du fer $7^{g},8$?

12. Un bloc de glace parallélépipédique, dont les dimensions sont $1^{m},50$, $1^{m},75$ et $0^{m},85$, plonge dans l'eau de mer. On demande quelle est la hauteur du bloc au-dessus de la surface de l'eau. La masse spécifique de la glace est $0^{g},93$ et celle de l'eau de mer $1^{g},026$.

CHAPITRE VI

PRESSION ATMOSPHÉRIQUE. — BAROMÈTRES. AÉROSTATS.

---

41. Propriétés générales des gaz. — Lorsqu'un gaz est introduit dans un espace quelconque, il le remplit tout

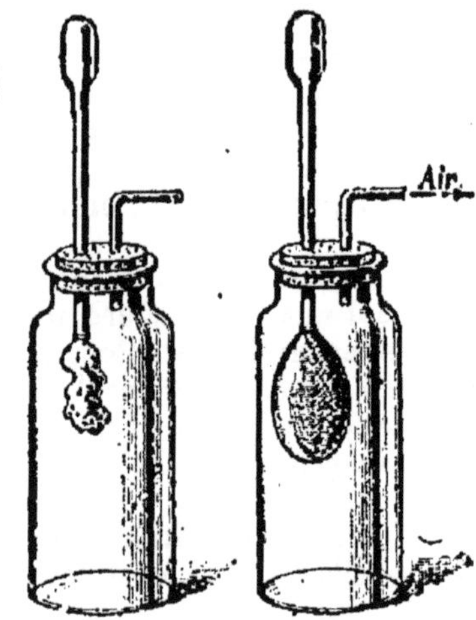

Fig. 57. — Expansibilité des gaz.

entier et ne se termine pas par une surface libre. Cette propriété, appelée *expansibilité*, se démontre avec un flacon dont le bouchon est traversé par un tube recourbé et par un matras renversé (*fig.* 57). A l'extrémité inférieure du matras est fixé un petit ballon en baudruche dégonflé. On enlève l'air du flacon à l'aide d'une machine pneumatique : à mesure que l'air se raréfie, on voit le ballon se gonfler par suite de l'expansibilité de l'air contenu dans le matras. La pression qu'un gaz exerce, en vertu de son expansibilité, sur chaque unité de surface des parois du vase qui le contient, s'appelle la *force élastique* du gaz.

Fig. 58. — Briquet à air.

Les gaz sont *très compressibles*, parfaitement élastiques et leur compression dégage de la chaleur. On le démontre avec le briquet à air (*fig.* 58). C'est un tube de verre à parois épaisses, présentant une extrémité ouverte par laquelle on peut introduire un piston qui, entrant dans le tube de verre à frottement doux, le ferme hermétiquement.

A mesure qu'on enfonce le piston, le volume de l'air enfermé diminue, on sent une résistance de plus en plus grande, et si la compression est effectuée brusquement, il se produit assez de chaleur pour enflammer un morceau d'amadou fixé au piston.

Enfin les gaz sont *pesants* ; mais leur poids spécifique est très faible par rapport au poids spécifique d'un solide ou d'un liquide en général. Pour démontrer que l'air, par exemple, est pesant, on prend un grand ballon de verre muni d'une garniture à robinet ; on le place plein d'air

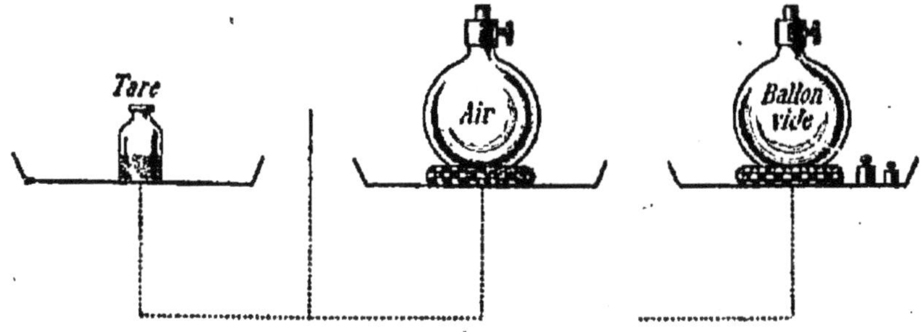

Fig. 59. — L'air est pesant.

sur l'un des plateaux d'une bonne balance et l'on fait la tare (*fig.* 59). On enlève alors le ballon et on y raréfie l'air le plus possible, puis on ferme le robinet et on le place de nouveau sur le même plateau. L'équilibre est rompu et le fléau s'incline du côté de la tare ; donc l'air est pesant. Si l'on ajoute sur le plateau correspondant au ballon vide des masses marquées jusqu'à ce qu'il y ait de nouveau équilibre, le poids de ces masses représente le poids de l'air qu'on a extrait du ballon. On trouve ainsi que la masse d'un centimètre cube d'air dans les conditions ordinaires est d'environ $0^g,0013$. (On retient plus facilement ce nombre en le multipliant par 1 000 : un litre d'air pèse environ 1g,3).

ÉTUDE DE LA PRESSION ATMOSPHÉRIQUE

42. Atmosphère et pression atmosphérique. — La couche d'air qui enveloppe complètement notre globe a reçu le nom d'*atmosphère*. Sa hauteur est très incertaine, car les méthodes que l'on a employées pour l'évaluer conduisent à des résultats variant entre 60 et 300km ; on sait seulement que la densité de l'air décroît rapidement à mesure qu'on s'élève. La pression exercée par l'atmosphère sur les corps qui y sont plongés s'appelle la *pression atmosphérique.*

43. Expériences qui montrent l'existence de la pression atmosphérique. — 1° Lorsqu'on plonge verticalement dans de l'eau un tube de verre (ou un tuyau de paille, etc.) et qu'on aspire par l'extrémité supérieure, on voit l'eau monter peu à peu dans le tube (*fig.* 60). Ce phénomène est dû à la pression exercée par l'air sur la surface du liquide dans le vase. Avant l'aspiration, cette pression s'exerçait aussi dans le tube et l'eau s'y tenait au même niveau que dans le vase. L'aspiration a eu pour effet d'enlever l'air contenu dans le tube ; dès que

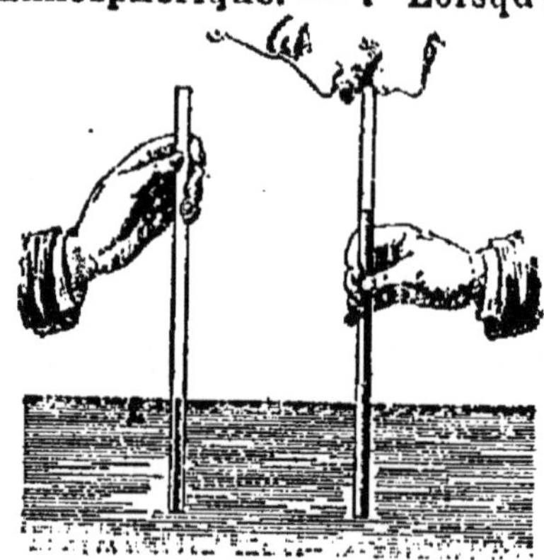

Fig. 60. — Ascension de l'eau par aspiration.

la pression extérieure n'a plus été contre-balancée par la pression intérieure, l'ascension de l'eau s'est produite.

FIG. 61. — Maintien de l'eau dans une éprouvette renversée.

2° Remplissons complètement d'eau une éprouvette à bords bien dressés et appliquons une feuille de papier sur le liquide (*fig.* 61). Si nous retournons l'éprouvette avec précaution, nous constaterons que le liquide ne s'échappe pas. Cela tient à ce que le poids de la colonne d'eau contenue dans l'éprouvette est inférieur à la pression exercée de bas en haut par l'atmosphère.

3° On prend deux vases de verre cylindriques, de même section (*fig.* 62); on place un bout de bougie allumé au fond du premier vase, puis on recouvre ce vase d'un morceau de papier un peu épais et imbibé d'eau et on place par-dessus le second vase renversé. La bougie s'éteint bientôt et les deux vases sont collés à ce point qu'on peut soulever le vase inférieur en soulevant le vase supérieur.

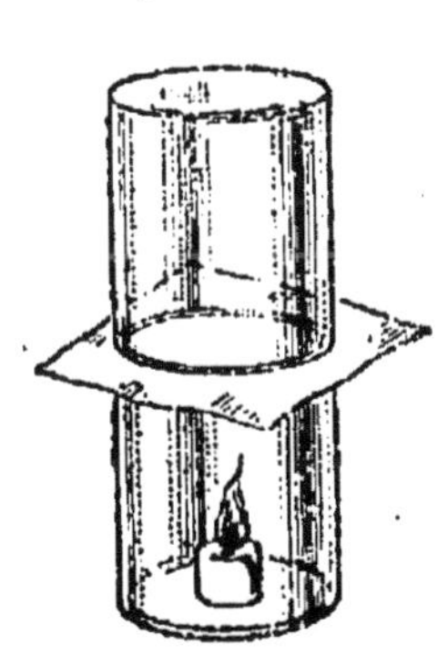

FIG. 62. — 3e expérience montrant l'existence de la pression atmosphérique.

Une foule d'appareils sont fondés sur l'existence de la pression atmosphérique; nous citerons notamment les pompes et les siphons, dont nous parlons plus loin.

44. Expérience de Torricelli. — Cette expérience, faite par Torricelli en 1643, prouve l'existence de la pression atmosphérique et permet en même temps de la mesurer.

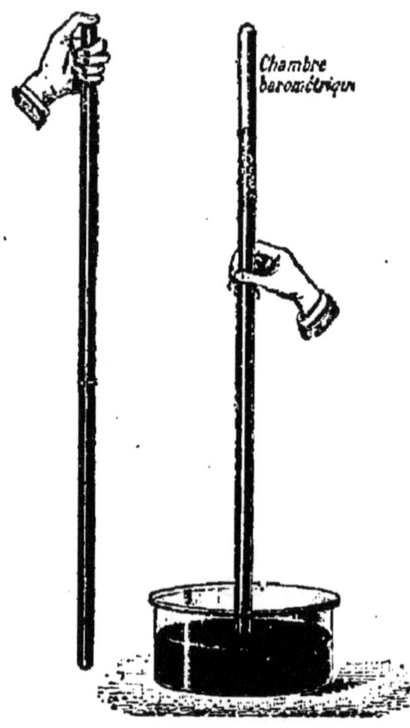

Fig. 63. — Expérience de Torricelli.

On prend un tube de verre d'environ 90^{cm} de longueur, fermé à une extrémité. On le remplit complètement de mercure, puis, bouchant l'ouverture avec le doigt, on retourne le tube verticalement dans le mercure d'une cuvette (*fig.* 63). Après avoir retiré le doigt, on voit le mercure descendre dans le tube et s'arrêter à une hauteur d'environ 76^{cm} au-dessus du niveau du mercure dans la cuvette, laissant ainsi au-dessus de lui un *espace vide d'air.*

Il est facile d'expliquer l'expérience de Torricelli. Une unité de surface s, prise sur la surface libre du mercure dans la cuvette, supporte la pression atmosphérique F (*fig.* 64). Une autre unité de surface s', prise sur le même plan horizontal mais à l'intérieur du tube, supporte le poids d'une colonne de mercure ayant pour base s' et pour hauteur H. Ces deux surfaces supportant la même pression, on a $F = Hp$, p désignant le poids spécifique du mercure, ou, ce qui revient au même, $F = Hmg$ (21). Supposons par exemple que la hauteur du mercure dans le tube de Torricelli soit de 76^{cm} ; la valeur de la pression exercée par l'atmosphère sur 1^{cm^2} est ($13^g,596$ étant la masse spécifique du mercure)

$$76 \times 13,596 = 1\,033 \text{ grammes-poids ou } 1^{kg},033.$$

Exprimée en dynes, elle serait, à Paris,

$$1\,033 \times 981.$$

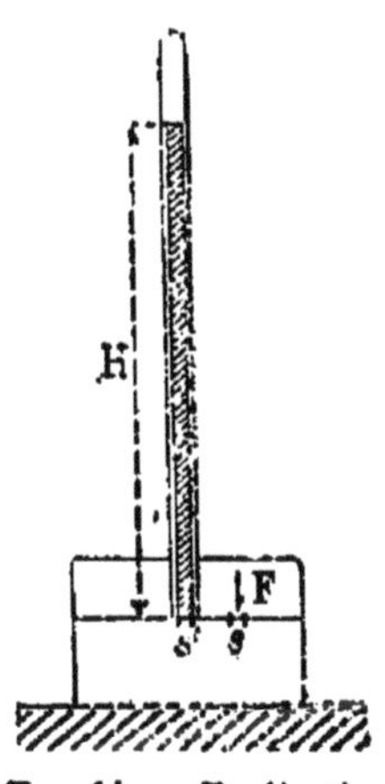

FIG. 64. — Explication de l'expérience de Torricelli.

Par abréviation, on évalue souvent la pression atmosphérique simplement par la hauteur du mercure. On dira par exemple : la pression atmosphérique est de 76^{cm}. On veut dire par là que la pression atmosphérique est celle qu'une colonne de mercure de 76^{cm} à 0° exercerait sur 1^{cm^2} au lieu de l'observation.

La formule $F = Hmg$ montre que si la pression atmosphérique reste constante, la hauteur verticale du mercure est indépendante de la forme, du diamètre et de l'inclinaison du tube. Si la pression atmosphérique augmente ou diminue, la hauteur du mercure doit augmenter ou diminuer en même temps. Si enfin on répète l'expérience de Torricelli avec un liquide autre que le mercure, la hauteur de ce liquide qui fera équilibre à la pression atmosphérique sera d'autant plus grande que la masse spécifique du liquide est plus faible. Pascal ayant employé pour l'expérience de Torricelli un tube de 15^m de long, préalablement rempli de vin rouge, constata que ce liquide, qui est environ 13 fois 1/2 moins dense que le mercure, avait son niveau à $10^m,40$, c'est-à-dire à une hauteur environ 13 fois 1/2 plus grande que celle du mercure.

BAROMÈTRES

45. Définition et classification. — ***Les baromètres sont des instruments destinés principalement à mesurer la pression atmosphérique.*** — Les uns reposent directement sur l'expérience de Torricelli : ce sont les *baromètres à mercure* ; les autres reposent sur les déformations que font subir les variations de la pression atmosphérique à un appareil clos et vide d'air : ce sont les baromètres métalliques ou baromètres *anéroïdes*.

46. Baromètres à mercure. — On a donné de nombreuses formes aux baromètres à mercure ; le plus simple et le plus parfait est le *baromètre normal*.

Fig. 65. — Baromètre normal.

Il se compose d'un tube vertical assez large pour supprimer la dépression capillaire (34) ; ce tube plonge par sa pointe inférieure effilée dans le mercure d'une cuve en fonte à parois vitrées (*fig.* 65). Une équerre en fer fixée aux parois de la cuve porte une vis verticale terminée en pointe à ses deux extrémités. Lorsque la pointe inférieure de cette vis est en contact avec la surface du mercure, la pression atmosphérique est mesurée par la longueur entre les deux pointes (mesurée une fois pour toutes), augmentée de la distance verticale de la pointe supérieure au niveau du mercure dans le tube. Cette distance verticale se mesure à distance à l'aide d'un cathétomètre, sorte de lunette horizontale pouvant se déplacer le long d'une règle verticale graduée.

47. Baromètres anéroïdes. — Les baromètres anéroïdes ne sont pas des baromètres de précision, parce que l'élasticité des appareils métalliques servant à leur construction varie avec le temps ; mais ils sont commodes et peuvent être rendus très portatifs ; aussi sont-ils seuls employés par les voyageurs et les météorologistes. On les gradue par comparaison avec un baromètre à mercure. Le type le plus employé est le baromètre de Vidi.

Baromètre de Vidi. — La pression atmosphérique agit sur une caisse métallique mince contenant de l'air très raréfié, et en déprime plus ou moins la base supérieure (*fig.* 66). Les déplacements du centre de cette base sont très faibles ; mais ils sont amplifiés par des leviers qui les transmettent par des intermédiaires à une aiguille mobile sur un cadran divisé.

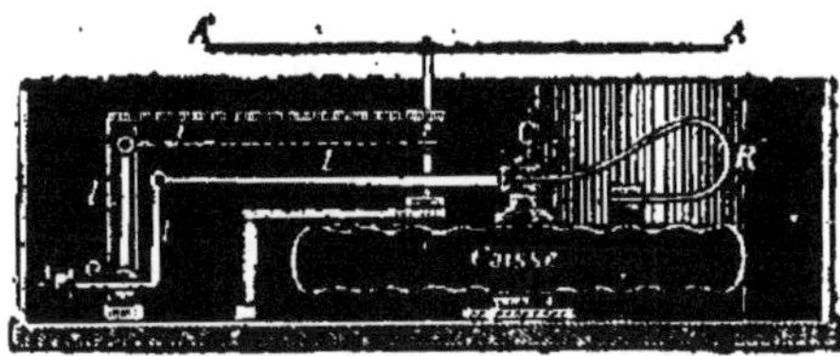

Fig. 66. — Baromètre de Vidi (coupe)

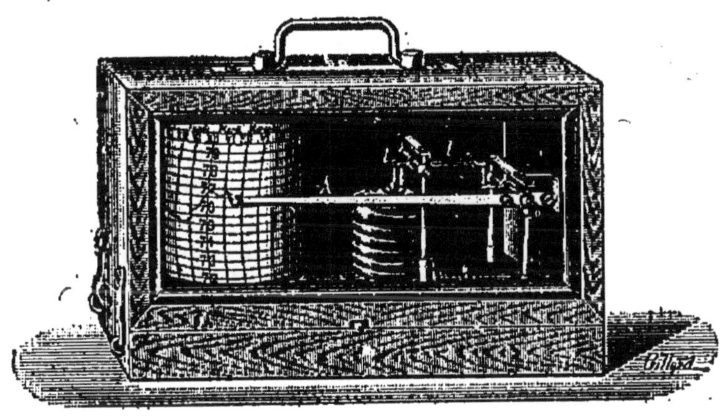

Fig. 67. — Baromètre enregistreur.

On construit des baromètres anéroïdes *enregistreurs*, qui ont pour but de noter d'une façon continue les variations de la pression atmosphérique en un lieu donné. Ils se composent d'une chambre formée de petites boîtes circulaires minces, soudées par leurs bords (*fig.* 67). L'air est très raréfié dans cette chambre, de sorte qu'elle s'aplatit plus ou moins suivant que la pression atmosphérique augmente ou diminue. Ces variations

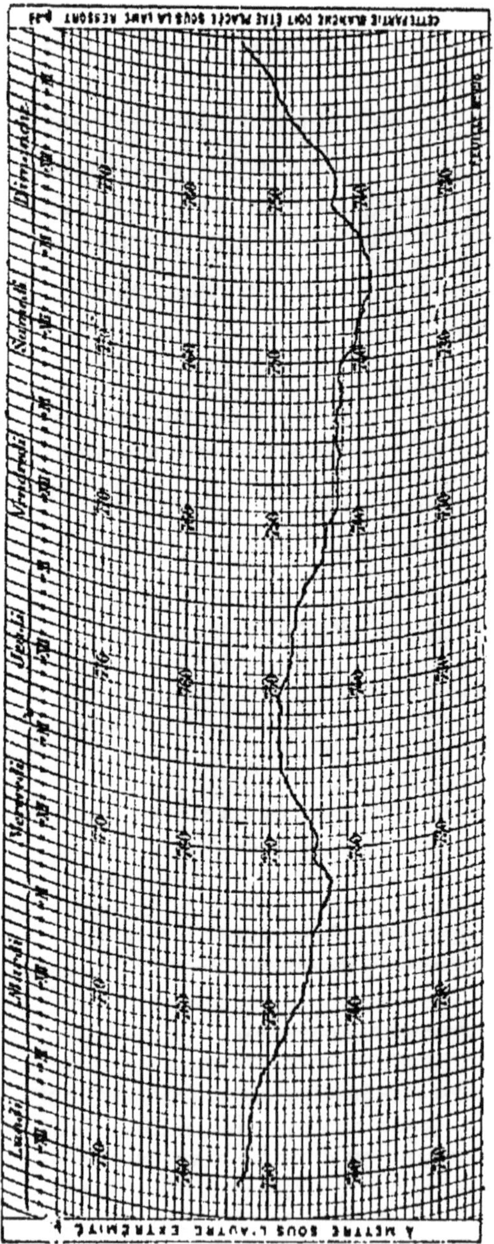

Fig. 68. — Photographie d'une feuille de baromètre enregistreur Richard.

de hauteur sont transmises à une longue aiguille A par l'intermédiaire d'un levier ll et d'un axe de rotation O. Enfin l'extrémité de l'aiguille porte une plume à réservoir d'encre, qui appuie légèrement sur une feuille de papier divisée, enroulée sur un cylindre entraîné par un mouvement d'horlogerie.

La figure 68 est la reproduction photographique d'une feuille qui a enregistré la pression à Paris pendant une semaine, non pas avec un baromètre comme celui de la figure 67, mais avec un baromètre enregistreur à mercure.

L'aiguille qui enregistre étant mobile autour d'un point fixe, son extrémité décrit un arc de cercle. C'est ce qui explique la forme courbe qu'on donne aux lignes servant à mesurer les pressions.

48. Application du baromètre à la mesure des hauteurs. — La masse spécifique de l'air étant environ 10 500 fois plus petite que celle du mercure (elles sont respectivement égales à $0^g,0013$ et $13^g,596$), chaque diminution de 1^{mm} de la colonne barométrique, à mesure qu'on s'élève, correspond théoriquement à une élévation 10 500 fois plus grande, soit de $10^m,50$. En réalité, la masse spécifique de l'air décroissant rapidement à mesure que l'on s'élève, cette évaluation ne peut s'appliquer qu'à des hauteurs qui ne dépassent pas une centaine de mètres ; pour des hauteurs plus grandes, on emploie des formules spéciales, dites *formules barométriques*.

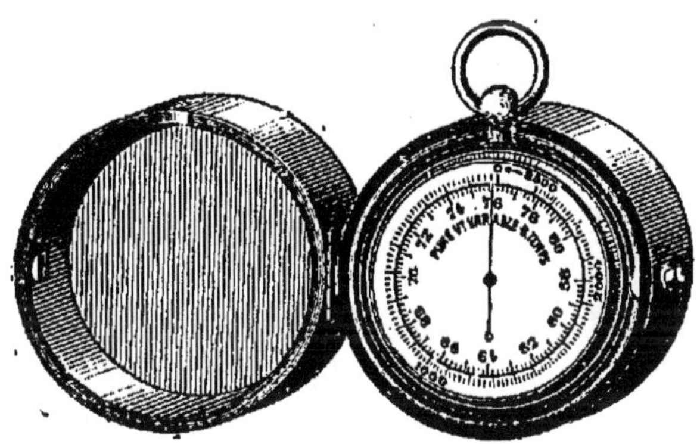

Fig. 69. — Baromètre de montagne.

Les voyageurs qui, en pays de montagnes, veulent savoir approximativement à quelle hauteur ils se trouvent, se servent de petits baromètres anéroïdes de poche, dits *baromètres de montagne* (*fig.* 69), portant deux graduations, l'une pour la pression atmosphérique, l'autre pour la mesure des hauteurs.

49. Prévision du temps. — Les variations accidentelles de la pression atmosphérique fournissent d'utiles indications pour la prévision du temps. Dans nos régions, par exemple, les vents du Nord-Est font monter le baromètre, l'air froid étant plus dense que l'air chaud; de plus, comme ils n'ont guère traversé que des continents, ils sont peu humides et leur arrivée annonce ordinairement le beau temps. Au contraire, les vents du Sud-Ouest, chauds et humides, font baisser le baromètre et amènent ordinairement la pluie. En se basant en partie sur ces remarques générales, on adapte en France aux baromètres destinés à la prévision du temps (*fig.* 70) une graduation spéciale (tempête, grande pluie, pluie ou vent, variable, beau temps, beau fixe, très sec), le variable étant en regard de la hauteur moyenne du lieu (76^{cm} pour la latitude de 50° et au niveau de la mer).

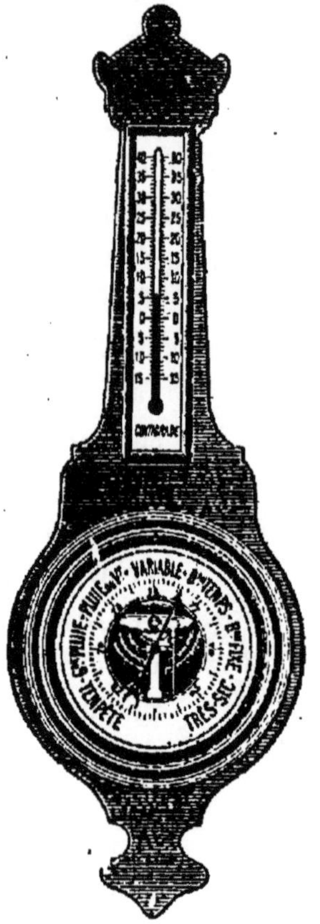

Fig. 70. — Baromètre pour la prévision du temps.

Outre les indications précédentes, il faut, si l'on veut calculer le temps probable, faire entrer en ligne de compte les variations de la température, l'aspect du ciel, la situation géographique du pays, etc.

AÉROSTATS

50. Principe d'Archimède appliqué aux gaz. — Les gaz étant pesants, comme les liquides, exercent comme eux des pressions sur les corps qui y sont plongés. Pour montrer que le principe d'Archimède est applicable aux gaz, on suspend au-dessous d'un des deux plateaux d'une balance hydrostatique un ballon de verre (*fig.* 71), puis on l'équilibre avec une tare. On introduit ensuite ce ballon dans une cloche à tubulure latérale. Si l'on fait arriver dans cette cloche un courant de gaz carbonique, on constate que le fléau s'incline du côté de la tare. On voit ainsi que le gaz carbonique, étant plus lourd que l'air, exerce sur le

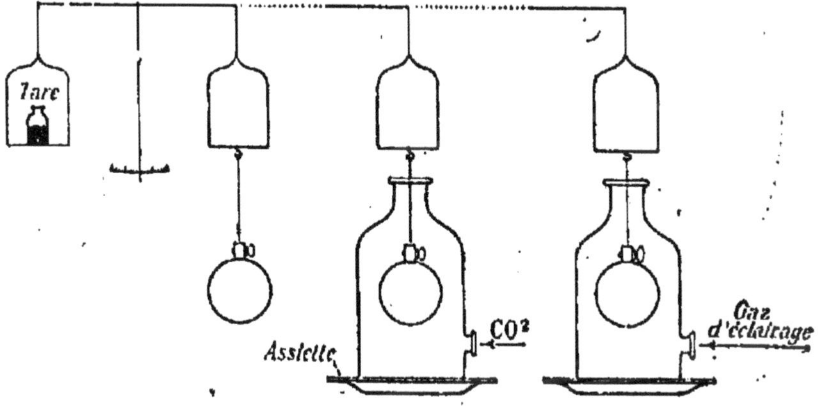

FIG. 71. — Expérience montrant la poussée exercée par les gaz.

ballon une poussée plus grande. En faisant arriver du gaz d'éclairage au lieu de gaz carbonique, le fléau s'incline du côté du ballon, parce que ce gaz est plus léger que le gaz carbonique. On déduit de ces expériences que : ***tout corps plongé dans un gaz subit une poussée verticale, dirigée de bas en haut et égale au poids du gaz qu'il déplace.***

Il résulte de ce principe que tout corps plongé dans l'air, par exemple, est soumis à deux forces verticales et de sens contraires : son poids et la poussée exercée par l'air. Si le poids est inférieur à la poussée, le corps abandonné à lui-même monte verticalement sous l'influence de la différence entre ces deux forces ; ce cas s'applique aux aérostats.

51. Description d'un aérostat. — Les aérostats sont formés d'une enveloppe mince, imperméable, contenant un gaz plus léger que l'air (gaz d'éclairage ou hydrogène) et soutenant une nacelle dans laquelle prennent place les passagers. L'enveloppe à gaz s'appelle ballon, nom qu'on donne aussi communément aux aérostats, c'est-à-dire à l'appareil complet, à l'ensemble de tout ce qui est suspendu dans l'atmosphère.

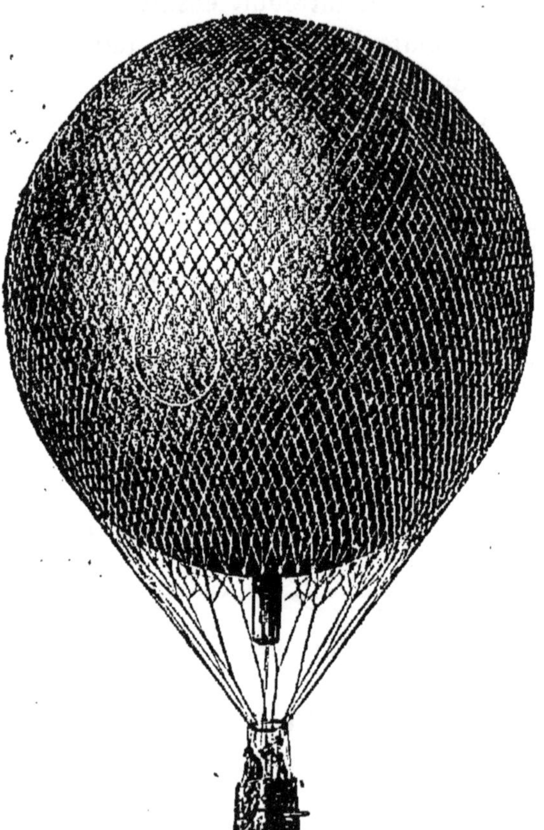

Fig. 72. — Ballon ordinaire.

L'enveloppe d'un ballon ordinaire est sphérique (*fig.* 72) et constituée par des fuseaux de tissus de coton ou mieux de soie, enduits de plusieurs couches d'un vernis à base d'huile de lin qui les rendent imperméables. Cette enveloppe, gonflée complètement au départ, se termine à la partie inférieure par une *manche d'appendice* qui communique librement avec l'atmosphère et par laquelle s'échappera, pendant l'ascension, l'excès du gaz du ballon, quand sa pression deviendra supérieure à celle de l'air environnant. Le ballon présente à la partie supérieure une ouverture, fermée par une soupape que l'on peut de la nacelle ouvrir à volonté au moyen d'une corde traversant le ballon et la manche d'appendice. Tout l'hémisphère supérieur du ballon est recouvert d'un filet dont les mailles vont aboutir à un cercle de bois. Une nacelle en osier (*fig*. 73), suspendue à ce cercle, est destinée à recevoir les aéronautes et un certain nombre d'accessoires : du *lest*, formé de sacs de sable ou d'eau que l'on vide lorsqu'on veut monter ou arrêter la descente du ballon ; un *guide-rope*, rouleau de corde qu'on déroule au moment de l'atterrissage, pour modérer la descente du ballon en le délestant du poids de la partie qui traîne à terre ; une *ancre* pour arrêter le ballon et l'amener jusqu'au sol ; un baromètre, un thermomètre, etc.

FIG. 73. — Nacelle d'un ballon avec ses accessoires.

52. Force ascensionnelle d'un aérostat. — La force ascensionnelle d'un aérostat à un moment donné est la force qui le sollicite à s'élever. C'est la différence entre le poids de l'air déplacé et le poids total du ballon (gaz, enveloppe, nacelle, etc.). Elle représente le poids qu'il faudrait placer dans la nacelle à l'instant considéré pour que le ballon flottât en équilibre dans l'atmosphère.

La force ascensionnelle que l'on doit donner à un aérostat au départ est très variable. Elle dépend principalement de la vitesse du vent et du plus ou moins de proximité des obstacles à éviter, monuments ou arbres. Elle dépend aussi du volume du ballon et du but de l'ascension. Si, par exemple, en temps de guerre, un aéronaute doit échapper aux balles de l'ennemi, il partira avec une force ascensionnelle élevée.

A mesure qu'un ballon s'élève, la force élastique de l'air qui l'entoure diminue, le gaz se dilate et l'excès de ce gaz s'échappe par la manche d'appendice. En même temps la poussée diminue, car le volume d'air déplacé reste le même tandis que sa masse spécifique devient moindre; la force ascensionnelle décroit et finit par devenir nulle. Le ballon est alors en équilibre dans l'atmosphère; mais une foule de causes tendent à le faire descendre : dépôt d'humidité sur l'enveloppe, légères fuites de gaz par des trous imperceptibles, etc. Pour éviter de descendre, il faut jeter du lest. Si l'on veut descendre, on agit sur la soupape pour laisser échapper du gaz ; le volume d'air déplacé diminuant, le poids total deviendra supérieur au poids de l'air déplacé.

53. Applications des aérostats. — Un grand nombre d'ascensions ont été entreprises dans un but purement scientifique. On a reconnu ainsi que l'air devient très sec à partir d'une certaine hauteur ; de plus, sa température s'abaisse à mesure qu'on s'élève et il se raréfie très rapidement, ce qui gêne beaucoup la respiration des aéronautes.

La plus grande hauteur atteinte par des aéronautes a été

9150m; mais des explorations à de pareilles altitudes ne sont pas sans danger. Aujourd'hui, on les envoie visiter par des *ballons-sondes*, c'est-à-dire des ballons non montés qui emportent des instruments faisant des prises d'air et inscrivant automatiquement les pressions, les températures, etc. Ces ballons vont tomber où ils peuvent; un avis en plusieurs langues indique à qui il faut faire connaître le lieu de leur chute. Quelques-uns de ces ballons sont montés jusqu'à 18 500m et ont enregistré une température de — 67°.

Direction des ballons. — Les ballons ordinaires sont entraînés par le vent qui règne dans la région où ils se trouvent. Un grand nombre d'essais ont été faits pour diriger les ballons dans le sens horizontal quelle que soit la direction du vent; ils consistent en principe à employer à la fois une hélice pour prendre un point d'appui sur l'air et un gouvernail pour régler la direction. Les capitaines Renard et Krebs ont pu, en 1884,

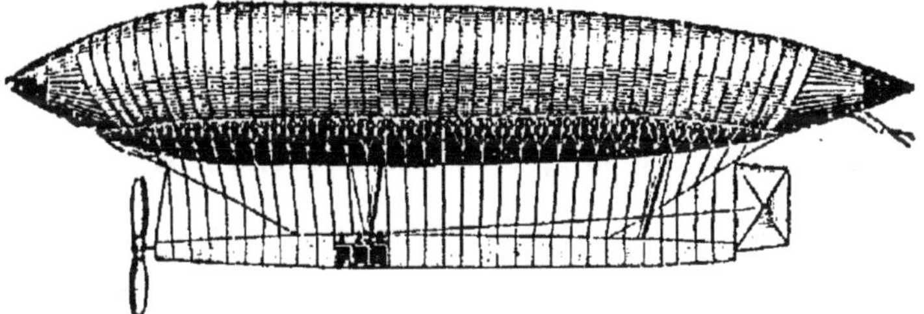

FIG. 74. — Aérostat dirigeable des capitaines Ch. Renard et Krebs.

avec un aérostat en forme de cigare (*fig.* 74), se diriger tant que le vent ne dépassait pas la vitesse de 6m,50 par seconde, qui était la vitesse propre de leur ballon en l'absence de tout vent. Avec les moteurs à la fois légers et puissants dont on dispose aujourd'hui, on obtient des résultats de plus en plus satisfaisants.

Le problème de la navigation aérienne a reçu ces dernières années une solution toute différente avec les *aéroplanes*, qui imitent le vol plané des oiseaux. Ces appareils, plus lourds que l'air, sont beaucoup moins encombrants que les dirigeables, d'un maniement plus commode et d'une rapidité plus considérable, aussi les croit-on appelés à jouer un rôle important dans l'avenir.

RÉSUMÉ DU CHAPITRE VI

Les gaz sont *expansibles* : ils tendent toujours à occuper l'enveloppe qui leur est offerte et exercent sur les parois une certaine pression dont la valeur par unité de surface s'appelle la *force élastique du gaz*. Ils sont très compressibles et parfaitement élastiques. Enfin ils sont pesants, mais leur poids spécifique est très faible.

La pression exercée par l'atmosphère se démontre par diverses expériences (ascension de l'eau par aspiration, verre renversé). L'expérience de Torricelli permet en outre de la mesurer. On remplit de mercure un tube d'environ 90^{cm} de longueur, puis on le renverse verticalement dans une cuvette contenant du mercure : le liquide descend et se maintient à une hauteur d'environ 76^{cm}. Cette colonne fait équilibre à la pression exercée par l'atmosphère sur une surface égale à la section du tube.

Les *baromètres* servent principalement à mesurer la pression atmosphérique.

Le baromètre normal est un baromètre à mercure dont le tube est assez large pour qu'on évite la dépression capillaire ; la hauteur barométrique est égale à la longueur d'une vis dont la pointe inférieure affleure le mercure de la cuvette, augmentée de la distance de la pointe supérieure au niveau du mercure dans le tube.

Les baromètres *anéroïdes* sont des baromètres très commodes, reposant sur les déformations que les variations de la pression atmosphérique font subir à un appareil métallique clos et vide d'air. Cet appareil est une caisse dans le baromètre de Vidi.

Les baromètres permettent d'évaluer approximativement les hauteurs (pour de faibles hauteurs, chaque dépression de 1^{mm} de mercure correspond à une élévation de $10^{m},50$). Ils donnent d'utiles indications pour la prévision du temps.

Tout corps plongé dans un gaz subit une poussée égale au poids du gaz déplacé. Lorsque le poids d'un corps est inférieur à la poussée, le corps s'élève (aérostats).

Les aérostats se gonflent avec du gaz d'éclairage ou de l'hydrogène. Un ballon ordinaire comprend une enveloppe imperméable maintenue par un filet, et une nacelle destinée à contenir les aéronautes et les accessoires (lest, guide-rope, etc.).

La force ascensionnelle est la force qui sollicite le ballon à s'élever : c'est la différence entre le poids total du ballon et le poids de l'air qu'il déplace.

Les ascensions entreprises dans un but scientifique ont montré que l'air se raréfie rapidement à mesure qu'on s'élève et que dans les hautes régions il est très sec et très froid.

EXERCICES SUR LE CHAPITRE VI

13. La hauteur barométrique étant de 75cm,6, calculer la pression exercée par l'atmosphère sur 1m². Masse spécifique du mercure : 13g,6.

14. La base supérieure d'une caisse cylindrique close et vide d'air est un cercle de 5cm de rayon. Quelle pression supporte-t-elle de la part de l'atmosphère ? La hauteur barométrique est de 77cm.

15. L'enveloppe d'un ballon contenant du gaz d'éclairage a un volume égal à 500m³. Le poids des accessoires (enveloppe, nacelle et son contenu) est de 350kg. Quelle est la force ascensionnelle au départ ? On admettra qu'un litre d'air pèse 1g,3, et un litre de gaz d'éclairage 0g,52.

16. Un corps pèse 500g dans l'air ; son volume est 225cm³. Quel serait son poids dans le vide ?

CHAPITRE VII
LOI DE MARIOTTE

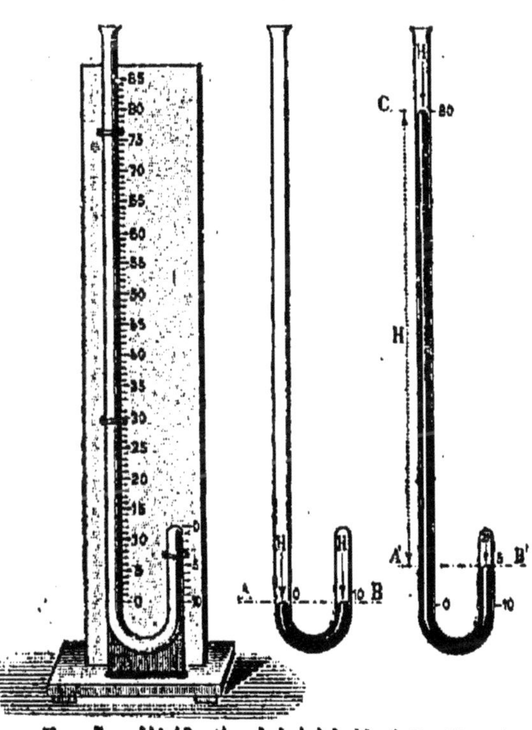

Fig. 75. — Vérification de la loi de Mariotte. (Pressions supérieures à la pression atmosphérique.)

54. Étude de la force élastique des gaz. — Quand on comprime progressivement un gaz, comme dans le briquet à air (41), on éprouve une résistance de plus en plus grande ; cela tient à ce que plus le volume du gaz diminue, plus sa force élastique augmente. La figure 75 représente un appareil qui permet d'étudier la variation de la force élastique d'un gaz en fonction de son volume. C'est un tube de verre recourbé dont les deux branches sont très inégales : la petite branche, fermée, est divisée en centimètres cubes ; la grande branche, ouverte, est divisée en centimètres ; les deux graduations ont leur point de départ sur un même plan horizontal AB. On verse d'abord du mercure dans l'appareil de manière que ce liquide soit au même niveau dans les deux branches et corresponde au plan AB ; on y arrive en inclinant convenablement le tube à plusieurs reprises. L'air ainsi emprisonné dans la petite branche occupe un volume que nous représenterons par 10 ; sa force élastique est égale à la pression atmosphérique.

On verse alors du mercure dans la grande branche jusqu'à ce que le liquide atteigne la division 5 dans la petite branche, rendant ainsi le volume de l'air moitié moindre ; on constate que la colonne A'C est égale à la hauteur barométrique, donc la force élastique de l'air est double de ce qu'elle était primitivement. On déduit de cette expérience que *la force élastique d'une même masse gazeuse varie en raison inverse de son volume* (loi de Mariotte). Or, quand un gaz est en équilibre, sa force élastique est égale à la pression qu'il supporte ; de là cet autre énoncé de la loi de Mariotte :

Les volumes occupés successivement par une même masse gazeuse sont inversement proportionnels aux pressions qu'elle supporte.

Considérons un certain volume de gaz (10^{cm^3} par exemple) dont la force élastique est égale à la pression atmosphérique H, et supposons que l'on ramène le volume du gaz à n'être plus que 5^{cm^3} ; d'après la loi de Mariotte, la force élastique de ce gaz doit devenir égale à 2H. C'est ce que montre l'expérience. Si au contraire on double le volume occupé par le gaz, sa force élastique devient moitié moindre $\left(\frac{H}{2}\right)$, et ainsi de suite.

55. Formules qui expriment la loi de Mariotte. — En général, soient V le volume occupé par un gaz sous la pression H, V′ le volume de la même masse gazeuse sous la pression H′ ; on a, d'après la loi de Mariotte,

$$\frac{V}{V'} = \frac{H'}{H}, \qquad \text{d'où} \qquad VH = V'H'.$$

Cette relation exprime que le produit du volume d'une masse gazeuse par la pression qu'elle supporte est constant.

Application. — *Une masse d'air occupe un volume de* 210^{cm^3} *sous une pression de* 76^{cm} ; *quel serait son volume sous une pression de* 345^{cm} ?

En appliquant la formule précédente, il vient

$$210 \times 76 = V' \times 345,$$

d'où

$$V' = \frac{210 \times 76}{345} = 46^{cm^3},2.$$

56. Manomètres usuels. — ***Les manomètres sont des instruments destinés principalement à mesurer la force élastique des gaz et des vapeurs.***

Le manomètre le plus simple se compose d'un tube de verre recourbé (*fig.* 76) contenant de l'eau colorée. Si on relie ce tube par une extrémité à une conduite de gaz d'éclairage, on observe une différence de niveau qui, augmentée de la pression atmosphérique, indique la force élastique du gaz d'éclairage.

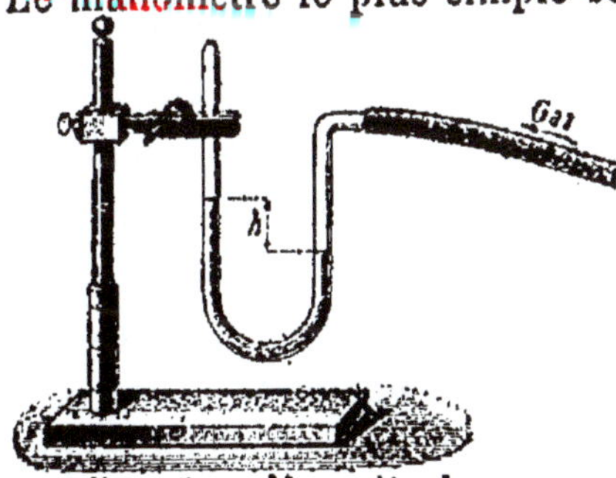

Fig. 76. — Manomètre à eau.

Les manomètres employés dans l'industrie sont presque

exclusivement des *manomètres métalliques*, dans lesquels on utilise la déformation d'un tube en spirale à parois minces et flexibles. Nous décrirons comme exemple le manomètre de Bourdon, qui est le manomètre industriel le meilleur et le plus employé.

Manomètre de Bourdon. — Le tube est en laiton et a une section elliptique (*fig.* 77). Son extrémité supérieure, libre et fermée, porte une aiguille indicatrice ; l'extrémité inférieure, ouverte, est fixée à une tubulure à robinet R que l'on relie à la chaudière. Quand la pression intérieure augmente, la spirale tend à se dérouler, ce qui fait avancer l'aiguille sur le cadran ; le contraire se produit quand la pression intérieure diminue.

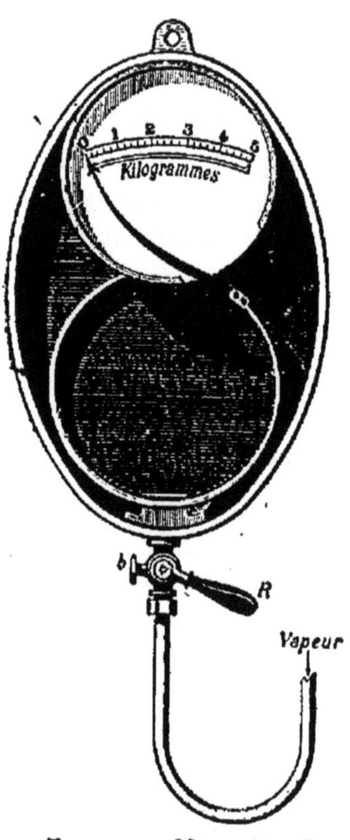

Fig. 77. — Manomètre de Bourdon.

Les manomètres sont gradués suivant la règle en usage dans le pays auquel ils sont destinés ; en France, en kilogrammes par centimètre carré, et non plus comme autrefois en atmosphères. 1kg correspond d'ailleurs à très peu près à une atmosphère, comme on l'a vu par le calcul du n° 44 (on peut dire encore que 1kg correspond à une pression de 10m d'eau et une atmosphère à une pression d'environ 10m,33).

En Belgique, la graduation se fait encore en atmosphères; en Angleterre, en livres par pouce carré.

Les manomètres industriels sont gradués de façon à indiquer la *pression effective,* c'est-à-dire la pression qui affecte la résistance des tôles des chaudières, la seule qui importe; c'est la différence entre la pression réelle de la vapeur et la contrepression ou pression atmosphérique.

De même que certains baromètres employés pour les ascensions portent comme graduation l'indication des hauteurs, de même certains manomètres, ceux des sous-marins par exemple, sont gradués en profondeurs d'eau.

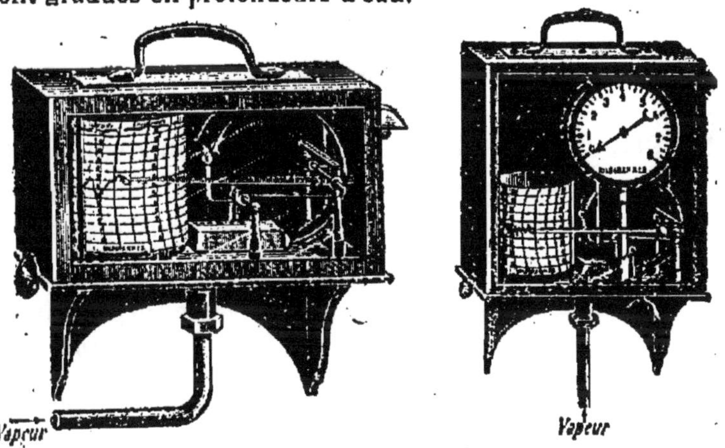

Fig. 78. — Manomètres enregistreurs.

Le système d'enregistreur de Richard (47) s'applique aux manomètres métalliques. La figure 78 représente les deux modèles les plus employés. Les manomètres enregistreurs sont très utiles à l'industrie; leur emploi permet de contrôler facilement la marche des foyers, tant au point de vue de la dépense du combustible qu'à celui de la sécurité.

RÉSUMÉ DU CHAPITRE VII

La *loi de Mariotte* s'énonce ainsi : Les volumes occupés successivement par une même masse de gaz sont inversement proportionnels aux pressions qu'elle supporte.

Le produit du volume d'un gaz par la pression qu'il supporte est constant. Ce nouvel énoncé de la loi de Mariotte s'exprime par la relation $VH = V'H'$.

Les *manomètres* sont destinés principalement à mesurer la force élastique des gaz et des vapeurs. Le plus employé dans l'industrie est le manomètre métallique de Bourdon. Il est fondé sur les déformations que les variations de pression font éprouver à un tube elliptique enroulé en spirale. — Les manomètres industriels sont gradués en kilogrammes par centimètre carré.

EXERCICES SUR LE CHAPITRE VII

17. Une masse d'air occupe un volume égal à 120^{cm^3} sous une pression de 76^{cm}. Quel serait son volume : 1° sous une pression de $2^m,25$; 2° sous une pression de 45^{cm} ?

18. On a 2^l de gaz sous la pression de 75^{cm} ; à quelle pression doit-on soumettre ce volume pour le ramener à 50^{cm^3} ?

CHAPITRE VIII

POMPES A GAZ

57. Définition. — Les pompes à gaz comprennent les machines pneumatiques et les machines de compression.

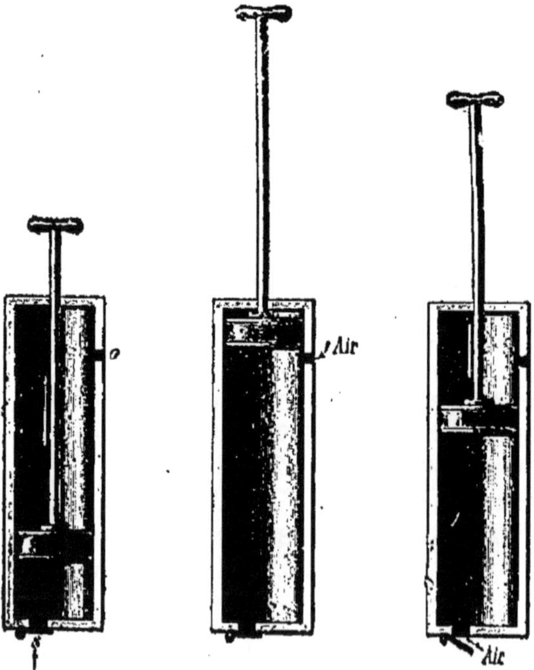

Fig. 79 — Principe d'une pompe à gaz à piston.

Les machines pneumatiques sont destinées à raréfier l'air (ou tout autre gaz) d'un récipient clos. Les machines pneumatiques actuelles sont généralement disposées de manière à servir en même temps de *machines de compression.*

58. Principe d'une pompe à gaz à piston. — La pompe à gaz la plus simple se compose d'un corps de pompe contenant un piston plein (*fig.* 79), d'une soupape de refoulement *s* et d'une ouverture latérale d'aspiration *o*.

Quand on soulève le piston, la soupape *s* reste fermée sous l'influence de la pression atmosphérique. Lorsque le piston dépasse l'ouverture *o*, l'air extérieur pénètre dans le corps de pompe et la soupape *s* se ferme. Quand le piston descend, la force élastique de l'air enfermé dans le corps de pompe augmente et finit par devenir supérieure à la pression atmosphérique ; la soupape *s* s'ouvre alors et l'air contenu dans le corps de pompe est chassé dans le récipient où l'on veut comprimer. Les mêmes phénomènes se reproduisent à chaque coup de piston.

59. Pompe aspirante et foulante. — La pompe aspirante et foulante, appelée aussi *pompe à main,* est une application du principe que nous venons d'exposer. Le piston est mû à la main par une manette (*fig.* 80). Le corps de pompe pré-

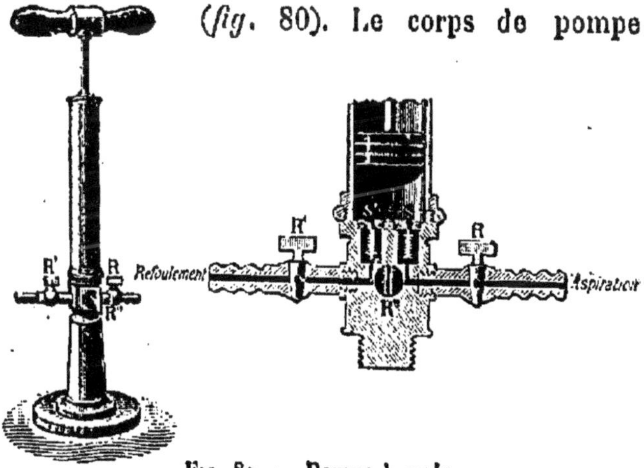

FIG. 80. — Pompe à main.

sente à sa base deux soupapes coniques : l'une, *s*, sert

à l'aspiration et s'ouvre de bas en haut; l'autre, s', sert pour la compression et s'ouvre de haut en bas. Deux robinets R et R′ permettent d'interrompre la communication du récipient avec le corps de pompe. Un troisième robinet R″ permet d'établir une communication directe entre les deux récipients, il est fermé quand la pompe fonctionne.

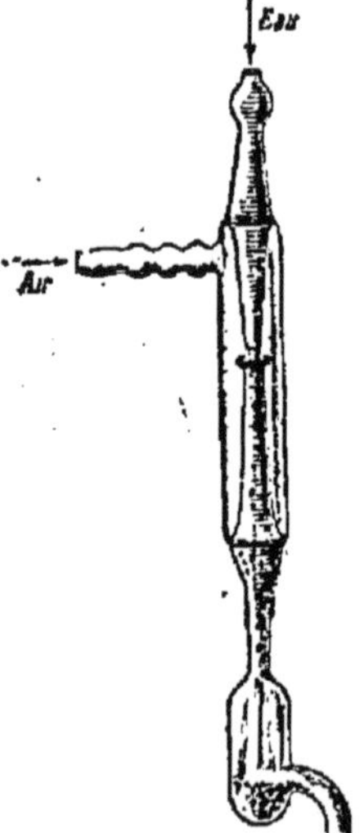

FIG. 81. — Trompe à eau.

60. Trompe à eau. — La trompe à eau est une machine aspirante et foulante dans laquelle la circulation des gaz est produite par l'intermédiaire d'un courant d'eau.

Elle se compose d'un double cône de verre dont les orifices sont placés en regard à une très faible distance (*fig.* 81). Un courant d'eau arrive sous une pression suffisante par le cône supérieur. L'air qui est dans le voisinage du petit intervalle séparant les deux cônes est aspiré et entraîné par le jet d'eau; il se raréfie donc dans la cavité qui entoure cet intervalle et, par conséquent, dans le récipient avec lequel elle est mise en communication.

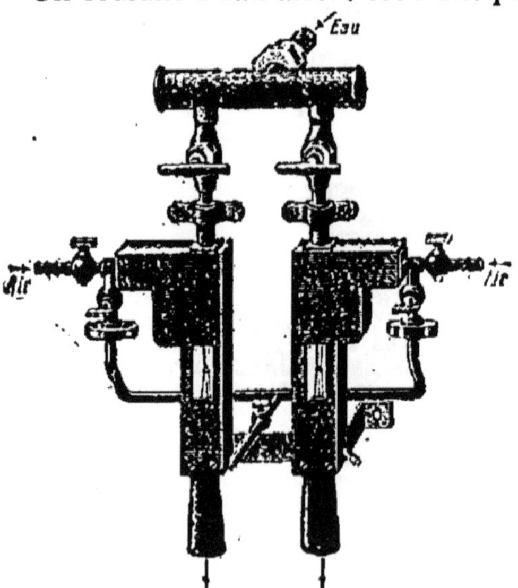

FIG. 82. — Trompe double.

Si le courant d'eau se rend dans un récipient fermé, l'air se dégagera de l'eau qui l'entraîne et se comprimera lui-même au-dessus de la surface libre du liquide.

Habituellement on accouple les trompes par deux et on les entoure d'une monture en fonte (*fig.* 82). Ces appareils constituent de puissantes machines pneumatiques. Si l'on dispose d'une pression d'eau convenable (4 à 5m d'eau), on peut vider des récipients de 10 à 15l en quelques minutes.

61. Usages des pompes à gaz. — Les machines pneumatiques servent dans les cours à montrer l'expansibilité des gaz, l'égale durée de la chute des corps dans le vide, l'existence de la pression atmosphérique, etc. On les utilise pour produire de la glace par évaporation d'un liquide, pour dessécher certaines substances, pour concentrer rapidement certains liquides.

Les pompes à main servent dans les laboratoires pour aspirer de l'air ou des gaz et les refouler dans des récipients.

62. Applications de l'air raréfié et de l'air comprimé. — On fait concourir simultanément l'air raréfié et l'air comprimé au service de la poste pneumatique, dans les grandes villes. Les étuis cylindriques en cuir renfermant les dépêches sont refoulés par de l'air comprimé au bureau de départ et aspirés par le vide au bureau d'arrivée.

Dans l'industrie, l'air raréfié donne lieu à des applications nombreuses : évaporation et concentration dans le vide de substances qui s'altéreraient dans les conditions ordinaires, ventilation par aspiration, filtration rapide de liquides par le vide, etc.

L'air comprimé est utilisé dans les mines, les tunnels, pour ventiler et pour actionner des outils, notamment des perforatrices ; il est employé dans les horloges pneumatiques, les scaphandres, etc. ; il est vendu comme force motrice à la petite industrie. Sur les chemins de fer, ce sont des freins à air comprimé (système Westinghouse) régnant tout le long de la plupart des trains de voyageurs, qui permettent l'arrêt presque instantané de ces trains. Citons encore les tubes pneumatiques, appelés vulgairement *pneus* ; ce sont des tubes en caoutchouc creux contenant de l'air comprimé, que l'on fixe aux roues des bicyclettes, des voitures, etc., afin de supprimer, en mettant à profit leur compressibilité, le bruit du roulement et les chocs sur le sol plus ou moins raboteux.

RÉSUMÉ DU CHAPITRE VIII

Les *machines pneumatiques* sont destinées à raréfier l'air d'un écipient clos.

Pour étudier le fonctionnement d'une machine pneumatique à piston, on la réduit à un corps de pompe contenant un piston plein, à un canal d'aspiration et à une soupape d'aspiration et une soupape d'expulsion. Quand le piston monte, la première soupape se soulève et l'air du récipient pénètre en partie dans le corps de pompe ; quand le piston descend, la soupape d'expulsion s'ouvre et l'air contenu dans le corps de pompe est chassé dans l'atmosphère. La force élastique dans le récipient devient donc de plus en plus faible.

La pompe dite *pompe à main* est une pompe aspirante et foulante. Le corps de pompe présente à sa base une soupape d'aspiration s'ouvrant de bas en haut et une soupape d'expulsion s'ouvrant de haut en bas.

La trompe à eau est une machine aspirante et foulante dans laquelle l'aspiration de l'air est produite par de l'eau sous pression.

Les machines pneumatiques permettent de faire une foule d'expériences diverses (expansibilité des gaz, égale durée de la chute des corps dans le vide, etc.) ; on les utilise pour dessécher, pour produire de la glace, etc.

EXERCICES SUR LE CHAPITRE VIII

19. Dans une machine pneumatique, la capacité du corps de pompe est de 1^l, celle du récipient de 10^l. Quelle est la force élastique de l'air dans le récipient après 4 coups de piston, la force élastique initiale étant 76^{cm} ?

20. La capacité du corps de pompe d'une machine pneumatique est de 500^{cm^3} ; celle du récipient est de 2^l. Un corps solide est placé sous le récipient ; trouver le volume de ce corps, sachant qu'après un coup de piston la force élastique initiale est ramenée de 76^{cm} à 54^{cm}.

CHAPITRE IX
POMPES A LIQUIDES

63. Définition. — ***Les pompes sont des appareils destinés à élever les liquides par l'emploi des pressions.*** Il en existe un très grand nombre de types, dont les plus connus sont la pompe aspirante et élévatoire et la pompe aspirante et foulante.

84. Pompe aspirante et élévatoire. — Elle comprend: un corps de pompe (*fig.* 83); *un tuyau d'aspiration*, qui plonge par sa partie inférieure dans le réservoir contenant le liquide à élever; un *tuyau d'ascension*, qui se recourbe pour prendre la direction verticale. Deux soupapes ou clapets *s* et *s'* s'ouvrant de bas en haut sont disposées, la première sur une ouverture que présente le piston, la seconde sur l'orifice du tuyau d'aspiration.

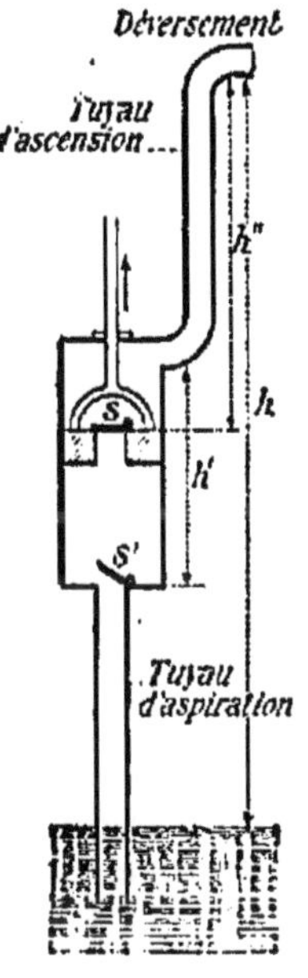

Fig. 83. — Pompe aspirante et élévatoire.

Au début, le piston repose sur la base du corps de pompe et le tuyau d'aspiration est plein d'air sous la pression atmosphérique. Quand le piston s'élève, le clapet *s* est maintenu fermé par la pression atmosphérique qui agit au-dessus; le clapet *s'* se soulève et l'air contenu dans le tuyau d'aspiration se répand en partie dans le corps de pompe, ce qui amène une diminution dans sa force élastique et une ascension de liquide dans le tuyau d'aspiration. Dès que le piston est arrivé au haut de sa course, le clapet *s'* se ferme par son propre poids. Quand le piston descend, l'air situé au-dessous de lui se trouve comprimé; le clapet *s* se soulève et l'air enfermé dans le corps de pompe s'échappe par le tuyau d'ascension.

Les mêmes phénomènes se reproduisant à chaque alternative suivante du piston, l'eau s'élève de plus en plus dans le tuyau d'aspiration et finit par franchir le clapet *s'*: la pompe est alors *amorcée*. A partir de ce moment, l'eau pénètre dans le corps de pompe à chaque montée du piston;

à la descente du piston, elle passe au-dessus de lui, et elle est refoulée dans le tuyau d'ascension à la montée suivante.

Théoriquement, une pompe de ce genre qui aspire de l'eau, par exemple, ne peut fonctionner que si la distance maxima du piston au niveau du liquide dans le réservoir est inférieure à $10^m,33$ (hauteur de la colonne d'eau capable d'équilibrer la pression atmosphérique); dans la pratique, on ne donne pas au tuyau d'aspiration une hauteur supérieure à 8^m.

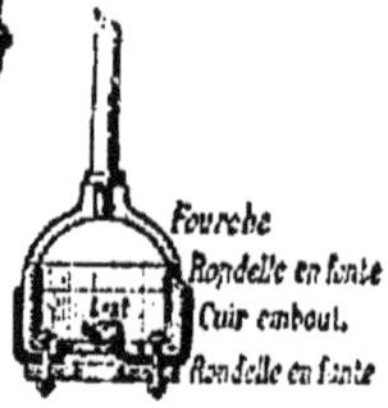

Pendant que le piston descend, le clapet s étant ouvert, il n'y a à exercer qu'un effort relativement faible pour vaincre le frottement. Il n'en est plus de même pendant l'ascension du piston. On démontre alors que l'effort F à exercer, effort qui représente la différence entre les deux pressions exercées sur les deux faces du piston, a pour valeur

$$F = Shdg.$$

S représente la surface du piston, h la distance du niveau du liquide dans le réservoir à l'orifice de déversement, d la densité du liquide. Quant au travail à effectuer pendant l'ascension du piston, il est égal au produit de la force par le déplacement total h', c'est-à-dire à $Shdg \times h'$ ou $Sh'dg \times h$. Comme $Sh'dg$ représente le poids de l'eau qui s'écoule par l'orifice de déversement pendant l'ascension du piston, on voit que théoriquement le travail moteur est le même que celui qu'il fau-

Détails du piston et du clapet d'aspiration (clapet levé).

Fig. 84. — Pompe ménagère.

drait effectuer pour élever le liquide directement depuis le réservoir jusqu'à l'orifice de déversement.

Dans la pratique, il faut ajouter au travail qui vient d'être indiqué le travail résultant des résistances passives dues au frottement, aux chocs, etc. L'effort à exercer sur la tige du piston est donc assez grand; aussi, au lieu d'appliquer directement la force au piston lui-même, l'applique-t-on presque toujours à un organe intermédiaire qui la multiplie. Dans la *pompe ménagère*, par exemple (*fig.* 84), on met à profit le principe du levier : l'effort à exercer sur le balancier est d'autant plus petit que le rapport des bras de levier est plus grand. Si ces bras sont dans le rapport habituel de 6 à 1 et que la manœuvre du piston exige un effort de 20^{kg} par exemple, il suffira d'appliquer $\frac{20}{6} = 3^{kg},3$ à l'extrémité du grand bras.

65. Pompes aspirantes et foulantes. — Elles diffèrent de la précédente en ce que leur piston est plein et leur tuyau de refoulement situé à la base du corps de pompe (*fig.* 85); un clapet *s*, fixé à la partie inférieure du tuyau de refoulement, s'ouvre et livre passage au liquide quand le piston descend. Parmi ces pompes, les unes sont à simple effet (le piston aspirant à la montée et refoulant à la descente) et ont ordinairement deux corps de pompe conjugués, comme la pompe à incendie. [Notre modèle (*fig.* 86) est simplement celui d'une pompe foulante, qui prend l'eau dans une bâche ; mais on construit de plus en plus de pompes à incendie qui sont en même temps aspirantes, c'est-à-dire qui vont puiser l'eau dans les profondeurs du sol] ; les autres sont à double effet (le piston aspirant et

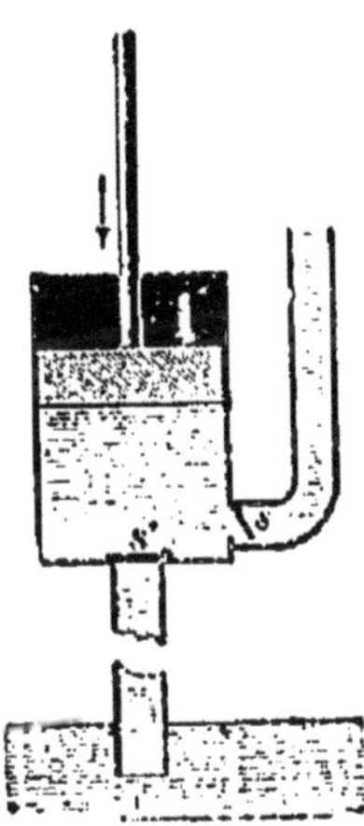

Fig. 85. — Pompe aspirante et foulante.

refoulant en même temps, aussi bien à l'aller qu'au retour) et avec un seul corps de pompe.

Ces pompes conviennent surtout pour les eaux boueuses et les liquides tenant en suspension des corps solides (lait de chaux, eaux résiduaires, etc.).

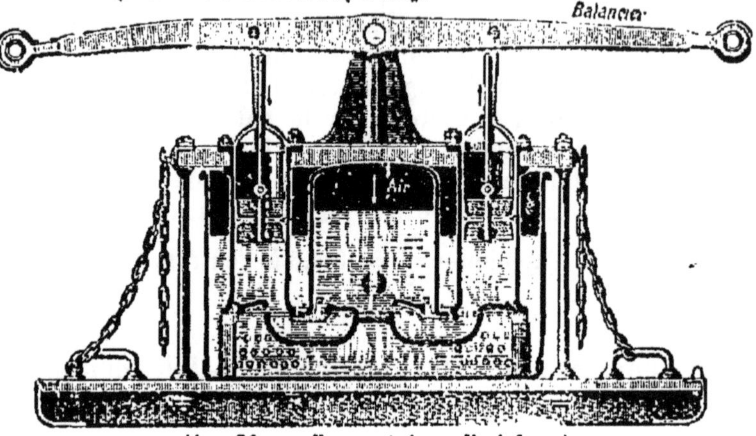

Fig. 86. — Pompe à incendie à bras.

Remarque. — Les pompes à piston ne peuvent communiquer à l'eau un mouvement uniforme, à cause des variations de vitesse de l'organe propulseur. On atténue ce défaut en employant deux corps de pompe conjugués comme dans la pompe à incendie, ou bien en plaçant un réservoir à air à la partie inférieure du tuyau d'ascension ; mais on l'évite complètement par l'emploi des pompes dites *rotatives*. Dans ces pompes, l'eau est mise en mouvement par l'effort constant d'un moteur circulaire, et ce mouvement est, par suite, uniforme et continu. Une expérience très simple montre le principe des pompes rotatives. Si l'on fait tourner autour de son axe une carafe contenant de l'eau, on constate que l'eau se creuse au centre et s'élève le long des bords (*fig.* 87). Cela tient à ce que le vide tend à se faire au centre et que la pression est très grande à la circonférence.

Fig. 87. — Expérience établissant le principe des pompes rotatives.

PRESSE HYDRAULIQUE

66. Définition et principe. — *La presse hydraulique est un appareil qui permet d'exercer des pressions considérables en déployant des efforts relativement faibles.* Elle constitue une application directe du principe suivant, énoncé par Pascal : *Toute pression exercée normalement sur une portion de la surface d'un liquide se transmet intégralement*, c'est-à-dire sans rien perdre de sa valeur, *à toute portion de même surface prise sur la paroi ou dans l'intérieur du liquide.* Il résulte de ce principe qu'une surface double, triple de la surface pressée recevra une pression double, triple de celle que reçoit cette dernière.

Considérons deux tubes cylindriques réunis par un tube horizontal et dont l'un a une section 100 fois plus grande que l'autre (*fig.* 88). Imaginons dans ces tubes un liquide, maintenu par deux pistons mobiles P et P′. Si l'on exerce sur le piston P′ une pression de 10^g, par exemple, il faudra, pour empêcher le piston P de s'élever, placer sur lui un poids de $10 \times 100 = 1000^g$.

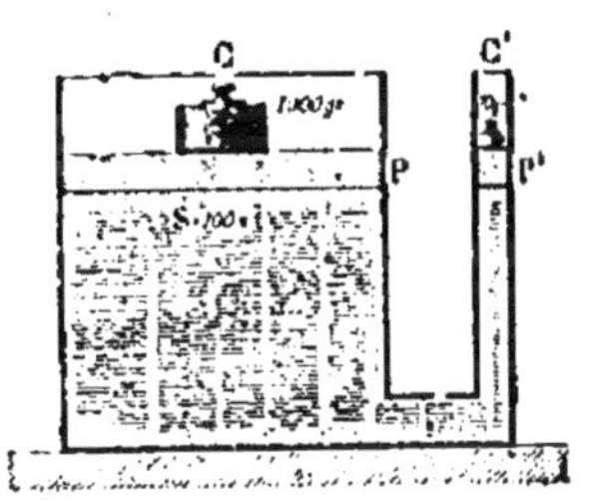

Fig. 88. — Proportionnalité des pressions aux surfaces.

D'une manière générale, soit f une pression exercée perpendiculairement sur une surface s d'un liquide en équilibre ; la pression F reçue par une surface S du vase qui contient le liquide a pour valeur

$$F = f \times \frac{S}{s}.$$

67. Presse hydraulique de démonstration. — Cet appareil se compose de deux corps de pompe à sections inégale (*fig.* 89). Le petit corps de pompe est une pompe aspi-

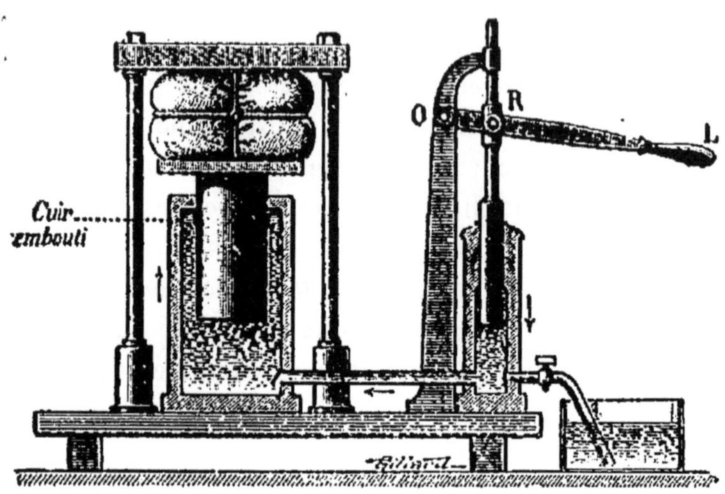

Fig. 89. — Presse hydraulique de laboratoire.

rante et foulante, qui puise de l'eau dans un réservoir latéral et la refoule dans le grand corps de pompe, lequel constitue la *presse hydraulique proprement dite*. Les objets à comprimer sont placés entre un plateau qui surmonte le gros piston et un sommier maintenu par de fortes colonnes de fer. Pour éviter les fuites dans le grand corps de pompe, on emploie le *cuir embouti de Bramah* (*fig.* 90); c'est une sorte de rigole circulaire renversée, en cuir épais, logée dans une gorge creusée à la partie supérieure du grand corps de pompe. Sous l'effet de la pression de l'eau, le cuir embouti s'applique fortement à la fois contre le piston et contre les parois de la gorge.

Fig. 90. — Cuir embouti.

Il faut remarquer que si l'on obtient avec la presse hydraulique une multiplication de l'effort exercé directement, en revanche le grand piston parcourt moins de chemin que le petit. Ce que l'on gagne en force, on le perd en chemin parcouru ; aussi n'emploie-t-on la presse hydraulique que lorsque

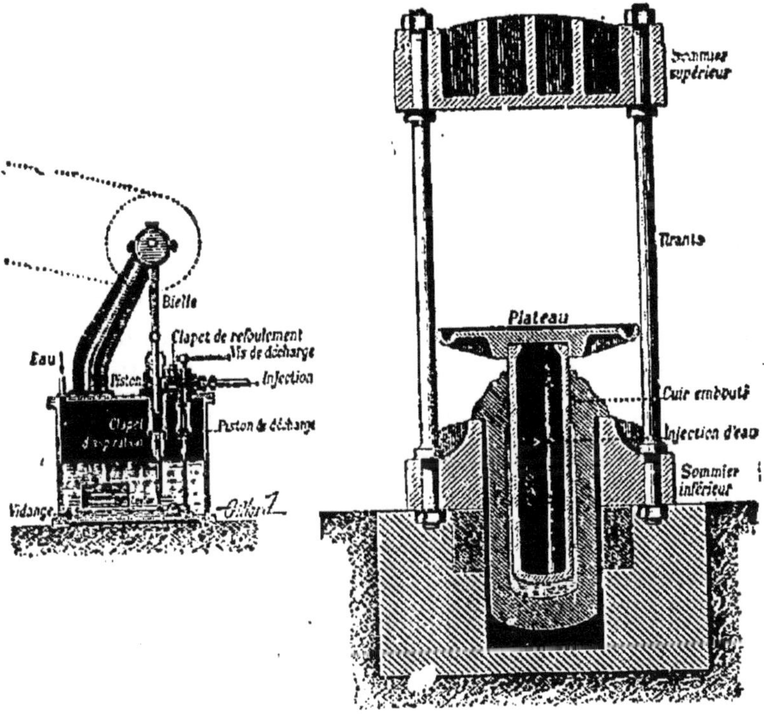

Fig. 91. — Presse hydraulique industrielle avec sa pompe foulante.

le point d'application de la force qui comprime a peu à se déplacer.

68. **Presses hydrauliques industrielles.** — On les construit de manière à produire des pressions considérables. Une pompe foulante (*fig.* 91) aspire l'eau d'une bâche et la refoule dans la presse hydraulique à l'aide d'un piston plongeur. Quand on veut *dépresser*, on ouvre une vis de décharge qui débouche un trou latéral et permet à l'eau de revenir dans la bâche.

Le corps de la presse hydraulique est muni du cuir embouti de Bramah et contient un long piston creux surmonté d'un plateau. Les objets à comprimer sont maintenus à la partie supérieure par un sommier, relié à un sommier inférieur par de forts tirants.

69. Usages de la presse hydraulique et de l'eau comprimée. — La presse hydraulique sert à extraire l'huile des graines oléagineuses, à réduire à un moindre volume les objets encombrants (paille, coton, foin), à essayer les matériaux à la compression et à la traction, etc.

L'eau sous pression sert à actionner des ascenseurs (ascenseurs hydrauliques), des appareils à découper, des machines à river, des grues, des cabestans. Elle est utilisée pour manœuvrer les ponts tournants, les portes d'écluses. Enfin c'est avec une pompe foulante qu'on fait l'essai des chaudières à vapeur (voir à *machines à vapeur*) et qu'on gradue les manomètres métalliques destinés à mesurer de fortes pressions.

Ascenseurs hydrauliques. — Les ascenseurs sont des appareils qui permettent de transporter les personnes d'un étage à un autre d'un édifice. On se sert d'appareils analogues pour transporter des fardeaux, mais on les appelle plutôt des *monte-charges*. Ceux-ci sont rarement des appareils hydrauliques.

L'ascenseur hydraulique consiste en un piston plongeur qui s'élève quand de l'eau sous pression agit sur lui, qui s'arrête quand on ferme le robinet d'arrivée d'eau, et qui descend quand on permet à l'eau de s'écouler. Le piston supporte et entraîne dans son mouvement une cage contenant les personnes. On voit donc que le plateau d'une presse hydraulique serait un ascenseur si son déplacement avait beaucoup plus d'amplitude.

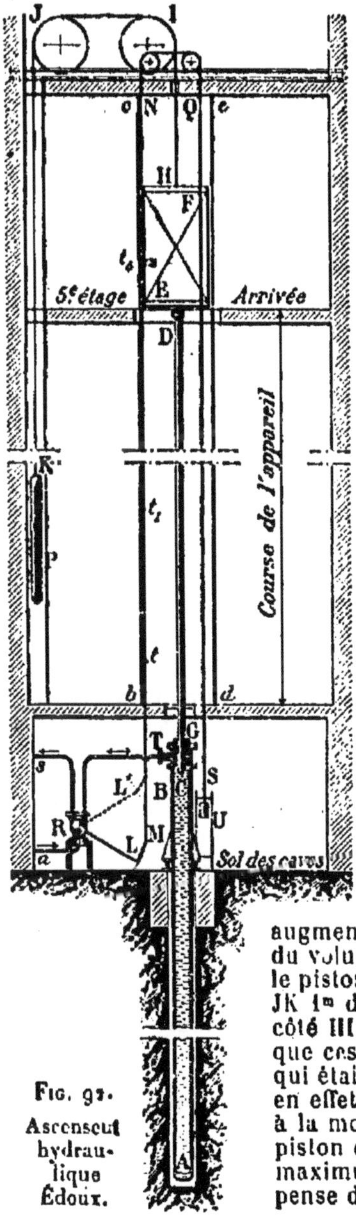

Comme ascenseur hydraulique, nous décrirons le système Édoux à équilibrage supérieur. AB (*fig.* 92) est un cylindre étanche engagé dans un puits foré dont la profondeur est égale à la hauteur à franchir. Dans ce cylindre se déplace un piston plongeur CD supportant la cabine EF; en G l'étanchéité est assurée; T est la tubulure d'entrée de l'eau sous pression, laquelle suit la voie *a*RT à l'entrée; à la sortie, l'eau repasse par le robinet à trois voies R, mais pour s'écouler en *s*. La cabine est guidée dans son déplacement vertical par quatre tiges telles que *bc*, *de*. L'installation se complète par un câble en acier H I J K [1] et un con-

Fig. 92. Ascenseur hydraulique Édoux.

[1] Le câble, par une combinaison de poids ingénieuse, équilibre le déplacement d'eau du piston. En effet, quand le piston s'élève, d'un mètre par exemple, son poids augmente (principe d'Archimède) de la valeur du volume d'eau déplacé ; mais pendant que le piston s'élève d'un mètre, il passe du côté JK 1m de longueur de câble ; il y en a du côté HI 1m de moins ; différence : 2m. Il faut que ces 2m de câble pèsent autant que l'eau qui était déplacée par 1m de piston. Et c'est en effet en donnant au câble un poids égal à la moitié de celui de l'eau déplacée par le piston qu'on obtient l'équilibrage parfait, le maximum d'effet utile, le minimum de dépense d'eau.

trepoids P qui ont pour objet d'équilibrer (à 30kg près, de façon à laisser toujours un excédent de poids du côté de la cabine, même à vide) le poids mort fixe de la cabine et du piston ; on ne demande ainsi à la force hydraulique que la puissance nécessaire à élever les personnes.

Comment peut-on à volonté admettre l'eau sous pression dans le cylindre AB, l'arrêter et l'évacuer ensuite? Au moyen du robinet à trois voies R manœuvré par le levier L. Dans la position L, l'eau pénètre en T ; dans la position L', elle en sort ; dans la position intermédiaire, le robinet est fermé. Le levier L ou distributeur est relié à une petite tige verticale MN qui va de la cave au comble en longeant le parcours de la cabine, à 5cm de celle-ci. Cette tige est équilibrée par une corde QS qui passe dans la cabine et se termine, en cave, par un contrepoids U.

Étant dans la cabine, si l'on agit sur la corde de bas en haut, on provoquera l'ouverture du distributeur à l'admission : l'ascenseur s'élèvera ; si l'on agit de haut en bas sur la corde, on permettra la vidange de l'eau contenue dans le cylindre : il y aura descente, d'autant plus rapide qu'on ouvrira davantage le distributeur. La descente est produite par l'excédent de poids (même si la cabine était vide : 30kg dans ce cas) du côté de la cabine.

Les arrêts automatiques aux étages sont obtenus au moyen de verrous numérotés 1, 2, 3, 4,... suivant l'étage auquel on veut s'arrêter. En poussant sur ces verrous, on les fait saillir de la cabine de 3cm, assez pour rencontrer, à l'étage correspondant au verrou poussé, et à celui-là seulement, un doigt ou taquet t, t_1, ..., t_5 boulonné sur la petite tige de manœuvre ; le verrou, entraîné par la cabine, rencontrant le taquet, entraîne à son tour la tige, qui ramène le distributeur au point mort et provoque l'arrêt automatique.

Quand l'eau est vendue trop cher, on cherche souvent à la faire resservir et on utilise pour cela l'air comprimé. On installe aussi des ascenseurs électriques, notamment dans les villes d'eaux, où il est interdit de forer des puits. A Paris, c'est l'eau d'alimentation (eau de source), vendue 0fr,35 le mètre cube, qui seule a une pression suffisante pour actionner les ascenseurs. Loin de la vendre moins cher pour cet usage industriel, la Ville, qui veut enrayer cette consommation, la vend 0fr,60 (pour tous les emplois comme force motrice). Dans ces conditions, la course d'un ascenseur revient à 0fr,20 environ ; elle tombe à 0fr,03 si l'on appelle l'air comprimé à son secours ou si l'on se sert d'un ascenseur électrique.

SIPHON

70. Description et fonctionnement. — ***Les siphons sont des tubes recourbés, destinés à transvaser les liquides d'un récipient à un vase inférieur.***

Le siphon le plus simple est constitué par un tube à deux branches inégales(*fig.* 93). Après l'avoir *amorcé*, c'est-à-dire rempli du liquide à transvaser, on plonge la petite branche dans ce même liquide : celui-ci s'écoule de la petite branche vers la grande.

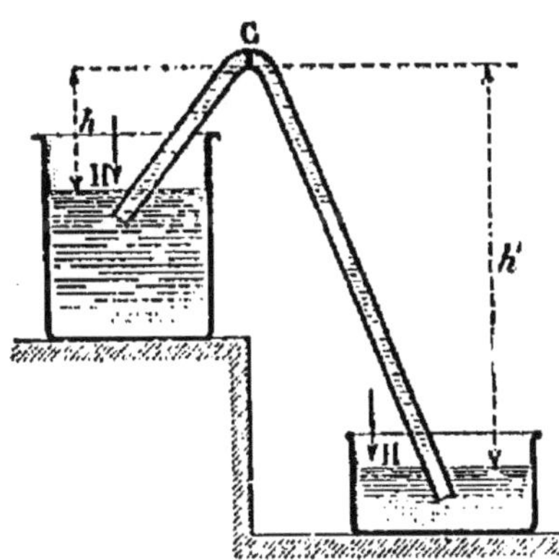

Fig. 93. — Siphon ordinaire.

71. Différentes formes de siphons. Usages. — Les siphons ont des formes très variées : simple tube recourbé pour les liquides ordinaires, tube recourbé avec tube latéral à renflement pour les liquides vénéneux, siphons en platine et à robinet pour les acides, etc.

En Hydraulique, on utilise les siphons pour détourner les rivières, pour nettoyer les égouts (siphons de chasse, etc.).

RÉSUMÉ DU CHAPITRE IX

Les *pompes* sont destinées à élever les liquides par l'emploi des pressions.

La pompe aspirante et élévatoire comprend un corps de pompe, un tuyau d'aspiration, un tuyau d'ascension et deux clapets s'ouvrant de bas en haut. Quand le piston monte, le clapet du tuyau d'aspiration se soulève et l'air contenu dans ce tuyau se répand en partie dans le corps de pompe, ce qui amène une ascension de liquide dans le tuyau d'aspiration. Quand le piston descend, son clapet se soulève à son tour et l'air enfermé dans le corps de pompe s'échappe par le tuyau d'ascension. Après quelques coups de piston, l'eau dépasse le clapet du tuyau d'aspiration ; la pompe est alors amorcée. A partir de ce moment, l'eau pénètre dans le corps de pompe à chaque montée du piston à la descente du piston, elle passe au-dessus de lui, et elle est refoulée dans le tuyau d'ascension à la montée suivante.

Dans la pompe aspirante et foulante, le piston est plein et le tuyau de refoulement est situé à la base du corps de pompe; un clapet, fixé à la partie inférieure du corps de pompe, s'ouvre et livre passage au liquide quand le piston descend.

La *presse hydraulique* permet, en quelque sorte, de multiplier les forces ; elle repose sur le principe de Pascal (proportionnalité des pressions aux surfaces). Une petite pompe aspirante et foulante aspire de l'eau dans un réservoir et la refoule sous le piston plongeur d'un grand corps de pompe. On évite les fuites en plaçant à la partie supérieure de ce dernier une rigole circulaire renversée (cuir embouti de Bramah). Les objets sont comprimés entre un plateau qui surmonte le gros piston et un fort sommier. L'effort exercé directement est multiplié par le rapport des sections des pistons de la presse et de la pompe d'injection ; il est encore amplifié par un levier.

On emploie la presse hydraulique pour extraire l'huile des graines oléagineuses ; pour réduire à un moindre volume la paille, le coton ; pour essayer les matériaux.

L'eau sous pression sert à mettre en mouvement des ascenseurs, des grues, etc. C'est avec une pompe d'injection qu'on fait l'essai des chaudières à vapeur.

Les *siphons* sont des appareils destinés au transvasement des liquides. Le plus simple est constitué par un tube recourbé à deux branches inégales; après l'avoir amorcé, on plonge la petite branche dans le liquide à transvaser : celui-ci s'écoule de la petite branche vers la grande.

EXERCICES SUR LE CHAPITRE IX

21. Quel effort faut-il exercer pour faire monter le piston d'une pompe aspirante quand il repose sur la base du corps de pompe ? La surface du piston est 50^{cm^2} et la hauteur du tuyau d'aspiration, 8^m.

22. Le rayon du piston d'une presse hydraulique a 25^{cm}, celui du piston de la pompe d'injection qui refoule l'eau a 5^{cm}. Calculer l'effort exercé par le grand piston, sachant que la force appliquée directement sur le petit piston est 8^{kg}.

CHALEUR

CHAPITRE X

TEMPÉRATURES. — THERMOMÈTRES

72. Effets généraux de la chaleur. — Lorsqu'on prend à la main un morceau de glace, on éprouve ce que l'on appelle une sensation de *froid*; on éprouve au contraire une sensation de *chaud* en approchant la main d'un foyer allumé. La chaleur est la cause à laquelle nous rapportons ces sensations de froid et de chaud. C'est la chaleur qui fait bouillir l'eau et fondre la glace, qui rend le charbon incandescent. Enfin presque tous les corps augmentent de volume quand ils sont soumis à l'action de la chaleur; c'est ce qu'on exprime en disant qu'ils se *dilatent*.

73. Premières notions sur la dilatation des corps. — On

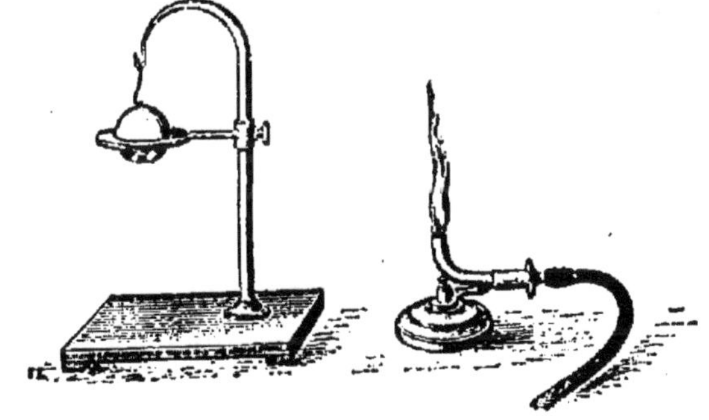

Fig. 94. — Expérience montrant la dilatation des solides.

peut mettre en évidence la dilatation des corps par quelques expériences très simples.

I. Dilatation des solides. — On prend un anneau de cuivre dans lequel peut passer librement une sphère de cuivre ayant à peu près le même diamètre que l'anneau (*fig.* 94).

Si l'on chauffe la sphère seule à l'aide d'un brûleur, on constate qu'elle ne peut plus passer à travers l'anneau ; au bout de quelque temps, la sphère refroidie a diminué de volume et tombe d'elle-même à travers l'anneau.

Fig. 95. — Expérience montrant la dilatation linéaire.

Pour montrer que les solides augmentent de longueur quand on les chauffe, on fixe un fil métallique par ses extrémités (*fig.* 95), puis on attache vers son milieu du fil à coudre tendu par un contrepoids et qui s'enroule sur une petite poulie dont l'axe supporte une aiguille légère.

Si l'on promène une flamme le long du fil métallique, il tend à se recourber, ce qui a pour effet de faire tourner la poulie et en même temps l'aiguille.

II. Dilatation des liquides. — La dilatation est plus grande dans les liquides que dans les solides. Pour le démontrer, on remplit d'eau colorée un ballon que l'on ferme ensuite avec un bouchon traversé par un tube de verre étroit (*fig.* 96). Si l'on plonge brusquement ce ballon dans de l'eau chaude, on voit d'abord le sommet de la colonne liquide baisser par suite de la dilatation du ballon : mais la dilatation du liquide étant bien supérieure à celle du verre, il remonte presque aussitôt et dépasse de beaucoup son niveau primitif.

Fig. 96. — Dilatation apparente d'un liquide.

111. Dilatation des gaz. — Les gaz se dilatent beaucoup plus encore que les liquides Cette grande dilatation est mise en évidence avec un ballon à fond plat (*fig.* 97), contenant de l'eau colorée, et fermé par un bouchon traversé par un long tube de verre étroit qui plonge dans le liquide. Il suffit d'appliquer les mains sur le ballon pour voir l'eau colorée monter rapidement dans le tube.

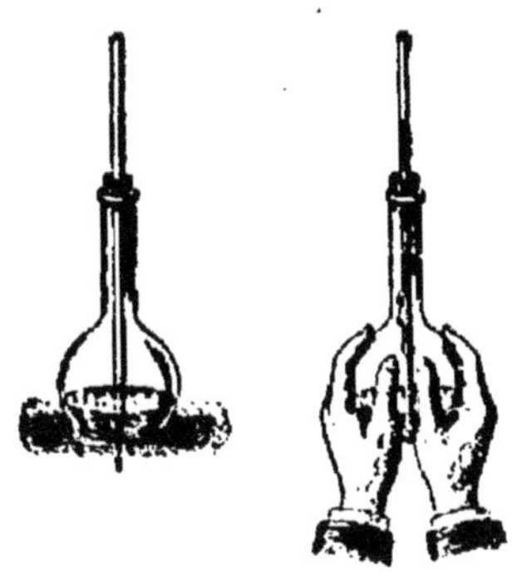

Fig. 97. — Expérience montrant la dilatation des gaz.

TEMPÉRATURES

74. Notions générales. — Pour exprimer que des corps sont plus ou moins chauds, on dit qu'ils ont des températures différentes, le corps le plus chaud ayant la température la plus élevée. On peut, rien qu'avec la main, apprécier par comparaison la température des corps ; mais cela ne saurait suffire dans le cas de corps fortement chauffés et, dans les conditions ordinaires, on n'aurait pas les températures avec une précision suffisante. C'est pour les apprécier avec exactitude qu'on a recours aux variations de volume qu'éprouvent les corps sous l'influence de la chaleur.

Considérons un corps que nous supposons soumis à une pression extérieure constante. Tant que son volume reste constant, on dit que sa température est *stationnaire* ; si son volume augmente, on dit que sa température *s'élève* ; si son volume diminue, on dit que sa température *s'abaisse*. Considérons maintenant deux corps qui sont mis en contact. Si leurs volumes respectifs ne changent pas, on dit que ces corps étaient *à la même température*. Si les volumes varient, les corps étaient *à des températures différentes* ; le corps dont la température était la plus élevée se refroidit en même temps qu'il diminue de volume ; l'autre s'échauffe en même temps qu'il augmente de volume, et il arrive un moment où les volumes des deux corps ne varient plus : ceux-ci sont alors à la même température, température qui est intermédiaire entre les deux températures initiales.

75. Températures fixes. — Pour pouvoir étudier les températures, on a choisi deux points de repères fixes, auxquels on rapporte les différentes températures.

Lorsqu'on porte dans de la glace fondante le ballon qui nous a servi à démontrer la dilatation des liquides (*fig.* 96), on constate que le niveau du liquide dans le tube arrive à se fixer en un certain point et qu'il y demeure aussi longtemps qu'il reste une portion de glace à fondre. En général, un corps plongé dans la glace fondante prend toujours le même volume ; la température de la glace est donc *constante* : on donne à cette température le numéro d'ordre *zéro*.

Lorsqu'on place le ballon précédent dans de la vapeur d'eau bouillante, la pression atmosphérique étant égale à 76^{cm}, le liquide occupe un niveau beaucoup plus élevé que dans la glace. Ce niveau reste constant tant que la pression atmosphérique ne varie pas elle-même. La vapeur d'eau bouillante sous la pression de 76^{cm} a donc une température *constante* : on donne à cette température le numéro d'ordre 100.

L'échelle des températures dont les deux points fixes sont ainsi caractérisés par 0 et 100 s'appelle *échelle centigrade* : dans notre pays, elle est seule employée en Physique.

THERMOMÈTRES

76. Définition. — ***Les thermomètres sont des instruments qui, par leurs variations de volume, font connaître la température d'un corps ou d'une enceinte avec laquelle ils sont mis en contact.***

Les thermomètres les plus usuels contiennent du mercure ou de l'alcool.

77. Thermomètre à mercure. — Les thermomètres à mercure se composent d'un réservoir en verre, de forme cylindrique ou légèrement conique (*fig.* 98); à ce réservoir est soudée une tige en verre dans laquelle est creusé un canal capillaire, terminé à la partie supérieure par une petite ampoule. Le mercure remplit complètement le réservoir et s'élève dans le canal à une certaine hauteur. Enfin le long de la tige se trouve une échelle de températures dont les degrés extrêmes varient suivant les usages auxquels le thermomètre est destiné. Ainsi un thermomètre médical (*fig.* 99) n'indique que les températures au delà desquelles la vie cesse, et 1/10 de degré occupe sur l'échelle une longueur supérieure à celle d'un degré sur certains thermomètres ordinaires.

Fig. 98 Thermomètre à mercure.

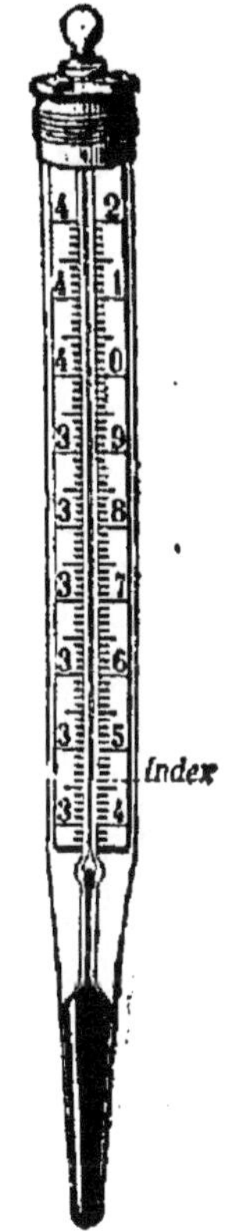

Fig. 99. — Thermomètre médical à index mercuriel.

Il est d'usage, dans les hôpitaux notamment, de relever au moins deux fois par jour la température de certains malades et de transformer ces données en un graphique (*fig.* 100) qui parle aux yeux et fournit des indications souvent très précieuses sur la marche de la maladie.

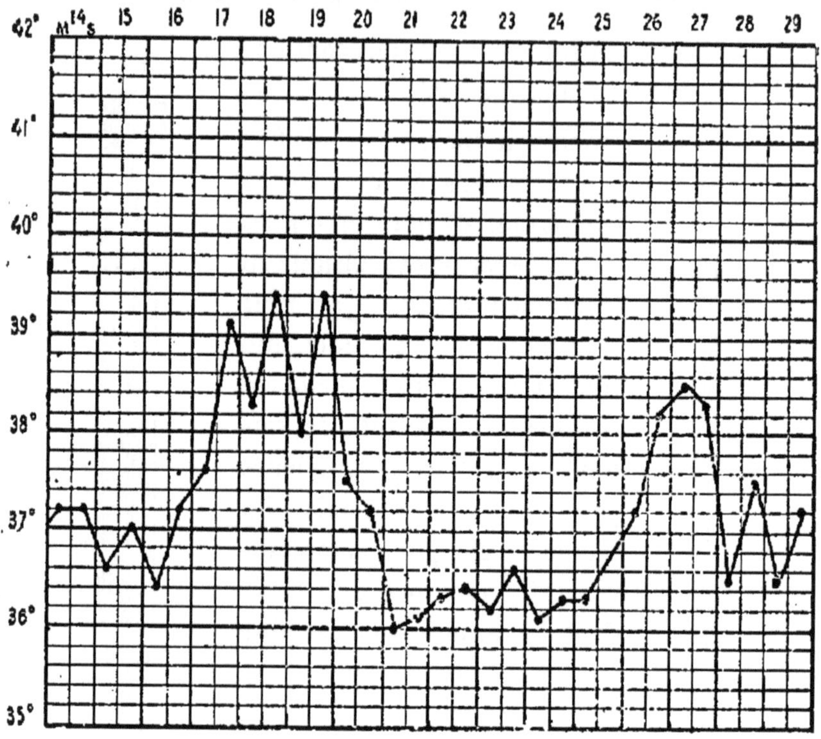

Fig. 100. — Représentation graphique des variations de la température d'un malade.

Les thermomètres à mercure ne peuvent indiquer de températures supérieures à 360°, température à laquelle ce liquide entre en ébullition; au delà de 360°, la force élastique de la vapeur de mercure devient supérieure à la pression atmosphérique et le réservoir pourrait éclater. D'un autre côté, bien que le mercure ne se congèle que vers — 40°, la graduation ne dépasse généralement pas — 10° ; les températures plus basses se déterminent avec les thermomètres à alcool.

Détermination des points fixes. — La détermination du point 100 se fait dans une chaudière (*fig.* 101), surmontée de deux cylindres disposés de telle sorte que la vapeur produite par l'ébullition de l'eau circule d'abord autour du thermomètre, puis autour du cylindre central, avant de s'échapper dans l'atmosphère, Le réservoir doit être main-

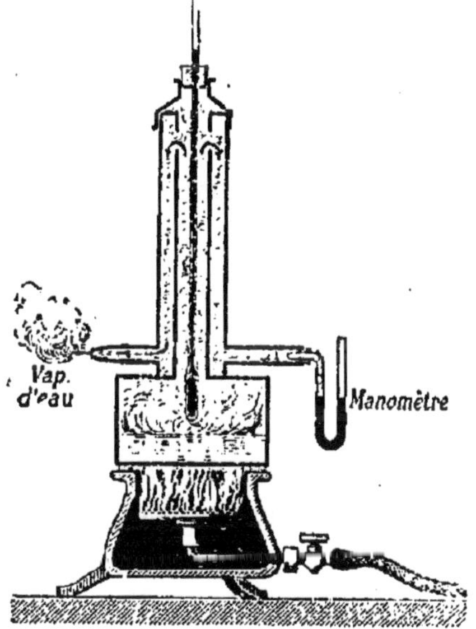

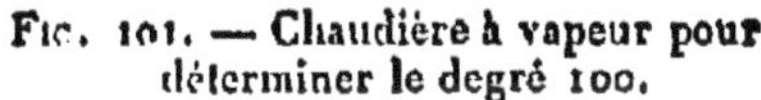

FIG. 101. — Chaudière à vapeur pour déterminer le degré 100.

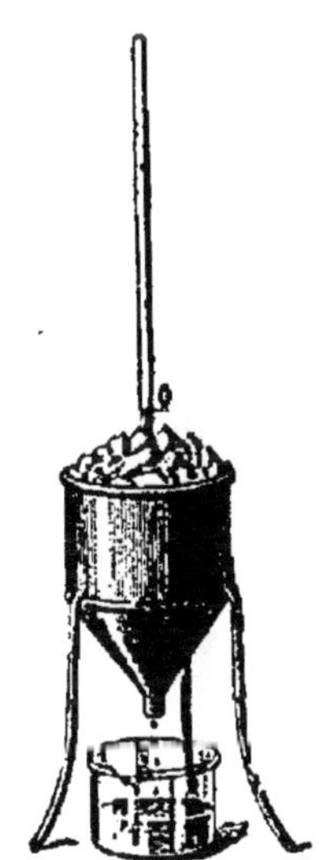

FIG. 102. — Détermination du zéro.

tenu à 2^{cm} environ de la surface de l'eau bouillante. — Lorsque le niveau du mercure est redevenu stationnaire, on marque encore d'un trait sa position : ce sera le degré 100 du thermomètre, pourvu que la hauteur barométrique au moment de l'expérience ait été de 76^{cm} exactement.

Comme il en est rarement ainsi, on calcule le degré correspondant à l'ébullition en s'appuyant sur ce fait qu'au voisinage de 100°, l'ébullition est avancée ou retardée d'environ $\frac{1}{27}$ de degré pour chaque différence de pression de 1^{mm} de mercure (101° sous une pression de 78^{cm},7, 99° sous une pression de 73^{cm},3, etc.).

Pour avoir le point *zéro*, on place le thermomètre dans de la glace concassée et mouillée (*fig.* 102), en ayant soin que le thermomètre soit entouré de glace dans toute la portion contenant du mercure. Quand le niveau du mercure est devenu stationnaire, on marque d'un trait sa position.

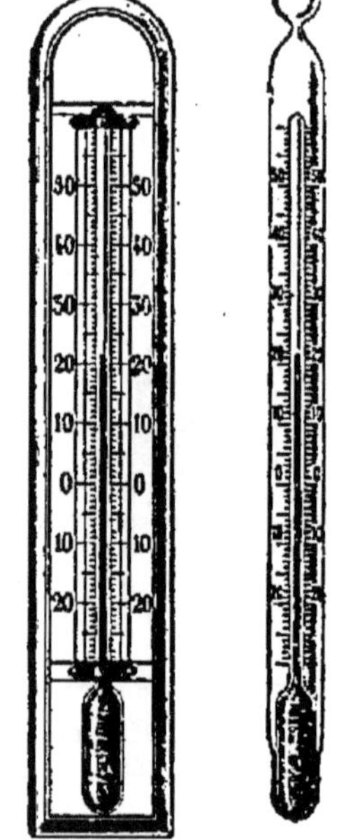

Fig. 103. — Thermomètres à alcool.

78. Thermomètre à alcool. — Les thermomètres à alcool ont un canal plus large que celui des thermomètres à mercure, l'alcool étant plus dilatable que le mercure (*fig.* 103). L'alcool qu'ils contiennent est légèrement coloré en rouge par de l'orseille. Ces thermomètres servent pour les usages courants (température d'une salle, d'un bain) ou pour les basses températures, l'alcool ne se congelant que vers 140° au-dessous de zéro.

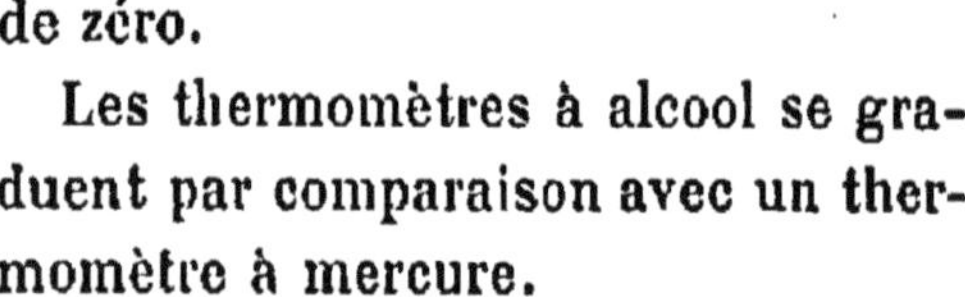

Les thermomètres à alcool se graduent par comparaison avec un thermomètre à mercure.

79. Thermomètre enregistreur. — Il se compose d'un tube métallique à section elliptique, complètement rempli d'alcool (*fig.* 104). Une des extrémités du tube est fixée au bâti de l'appareil ; l'autre est reliée par une bielle à un levier qui

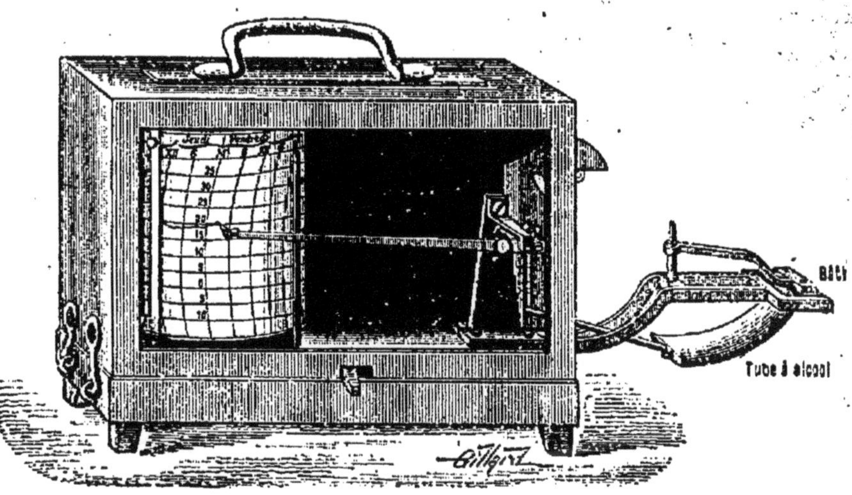

FIG. 104. — Thermomètre enregistreur de Richard.

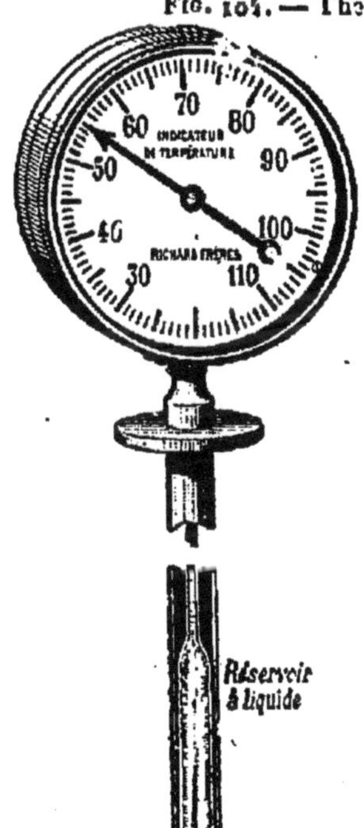

FIG. 105. — Thermomètre industriel à cadran.

porte la plume chargée de tracer la courbe des températures sur un papier quadrillé. La dilatation de l'alcool fait varier la courbure du tube ; de là des déplacements de l'extrémité libre, déplacements qui sont amplifiés par le levier. La feuille de papier est enroulée sur un cylindre qui tourne d'un mouvement uniforme à l'aide d'un mouvement d'horlogerie.

80. Thermomètres industriels. — Les thermomètres industriels ont des formes très variées ; nous décrirons comme exemple les *thermomètres à cadran*. Ils se composent d'un réservoir communiquant par un canal de faible diamètre avec un tube manométrique de Bourdon (*fig.* 105). Le tout est rempli d'un liquide. Quand la température s'élève, le liquide se dilate, fait mouvoir le tube manométrique, et ce mouvement, amplifié par un système de leviers, est transmis à une aiguille indicatrice.

Les thermomètres à cadran servent à indiquer la température des étuves, séchoirs, serres chaudes, etc. ; leur graduation ne dépasse jamais 350°. Pour des températures plus élevées, on emploie des thermomètres à gaz appelés *pyromètres*.

RÉSUMÉ DU CHAPITRE X

Presque tous les corps se dilatent sous l'influence de la chaleur. La dilatation des solides est très faible ; on la met en évidence par une sphère et un anneau. Les liquides se dilatent plus que les solides. Enfin la dilatation des gaz est très grande.

La température d'un corps se mesure par les variations de volume qu'il subit sous l'influence de la chaleur ; elle s'élève, s'abaisse ou reste stationnaire suivant que le volume augmente, diminue ou ne varie pas. Deux corps à des températures différentes étant mis en présence prennent la même température. On rapporte les températures à deux températures fixes (glace fondante et vapeur d'eau bouillante sous la pression de 76^{cm}), auxquelles on donne les numéros d'ordre 0 et 100 (échelle centigrade).

Les thermomètres font connaître les températures par leurs variations de volume. Les thermomètres usuels contiennent du mercure ou de l'alcool.

Le *thermomètre à mercure* se compose d'un réservoir et d'une tige en verre. La tige est graduée ; elle est traversée par un canal capillaire dans lequel le mercure s'élève à une certaine hauteur.

Les *thermomètres à alcool* ne servent que pour les usages courants et aussi pour les basses températures ; ils contiennent de l'alcool coloré en rouge et leur canal est plus large que celui des thermomètres à mercure. On les gradue par comparaison avec un thermomètre à mercure.

EXERCICES SUR LE CHAPITRE X

23. Dans les pays du Nord et principalement en Angleterre, on se sert fréquemment d'une échelle thermométrique due à Fahrenheit et dans laquelle les points fixes sont caractérisés par 32 (glace fondante) et 212 (vapeur d'eau bouillante). Cela posé, quel est le nombre de degrés marqué par le thermomètre Fahrenheit quand, pour la même température, le thermomètre centigrade marque 25° ?

24. Quelles sont les raisons qui font adopter le mercure pour la construction des thermomètres de précision à liquides, et pourquoi ne fait-on pas de thermomètres à eau ?

CHAPITRE XI

ÉTUDE ÉLÉMENTAIRE DES DILATATIONS

DILATATION DES SOLIDES

81. Coefficients de dilatation. — Soit une barre de fer qui a 1^{cm} de longueur à 0° ; si on la chauffe à 1°, l'expérience démontre que la longueur devient $1^{cm},000012$. La différence $1,000012 - 1 = 0^{cm},000012$ s'appelle le *coefficient de dilatation linéaire* du fer.

Chaque corps solide a un coefficient de dilatation linéaire : c'est *l'allongement de l'unité de longueur du corps pour une élévation de température de 1°.*

APPLICATION. — *Une barre de fer a 25^{cm} de longueur à 0° ; trouver sa longueur à 100°.*

Pour 1°, chaque centimètre de la barre s'allonge de $0^{cm},000012$; l'allongement de toute la barre pour 100° sera donc $0^{cm},000012 \times 25 \times 100 = 0^{cm},03$. La nouvelle longueur de la barre sera par suite $25 + 0,03 = 25^{cm},03$.

Dilatation cubique. — Comme les solides se dilatent dans toutes les directions, il existe pour chaque solide un *coefficient de dilatation cubique,* représentant l'augmentation de l'unité de volume (1^{cm^3}) pour une élévation de température de 1°. Ce coefficient est sensiblement le triple du coefficient de dilatation linéaire pour les corps qui se dilatent de la même manière dans tous les sens.

82. Applications des dilatations des solides. — Bien que la dilatation des métaux soit faible comparativement à celle des liquides et des gaz, elle n'en est pas moins assez considérable pour qu'on doive en tenir le plus grand compte dans la pose des pièces métalliques. Ainsi les rails des chemins de fer ne sont jamais placés en contact absolu (excepté dans les rares portions de voie qui ne subissent que de très faibles variations de température) ; les feuilles de zinc des toitures ne sont clouées que par un de leurs bords ; les barreaux de grilles ne sont pas scellés, mais posés à repos sur leurs sommiers, avec jeu aux deux extrémités.

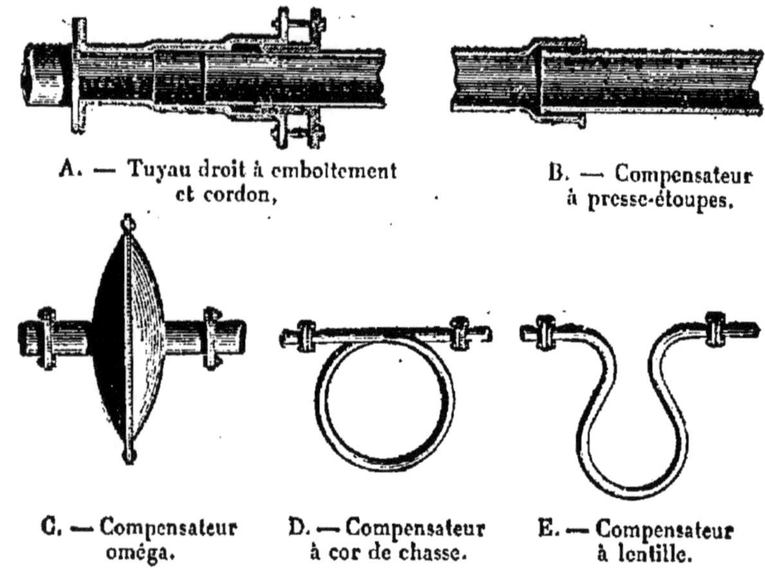

A. — Tuyau droit à emboîtement et cordon,

B. — Compensateur à presse-étoupes.

C. — Compensateur oméga.

D. — Compensateur à cor de chasse.

E. — Compensateur à lentille.

Fig. 106. — Principaux systèmes de compensation employés pour les conduites.

La figure 106 représente les principaux systèmes appliqués aux tuyaux de conduite pour compenser leur dilatation : A, conduite souterraine d'eau et de gaz, en fonte, avec espace annulaire rempli de plomb, B à E, tuyauteries aériennes, sujettes à de plus grandes dilatations : B, système de la boîte à étoupes (conduites d'eau et de gaz) ; C, D, boucles en forme d'oméga (nom de la lettre grecque Ω) ou en forme de cor de chasse (conduites de vapeur, d'air comprimé, etc.) ; E, lentilles fonctionnant à soufflet (conduites de grand diamètre).

Pour laisser libre jeu à la dilatation des grands ponts métalliques et éviter la détérioration des culées et des piles, on monte les tabliers de ces ponts, à leurs points d'appui, sur des galets qui roulent sur des sabots en fonte scellés dans la maçonnerie (*fig.* 107).

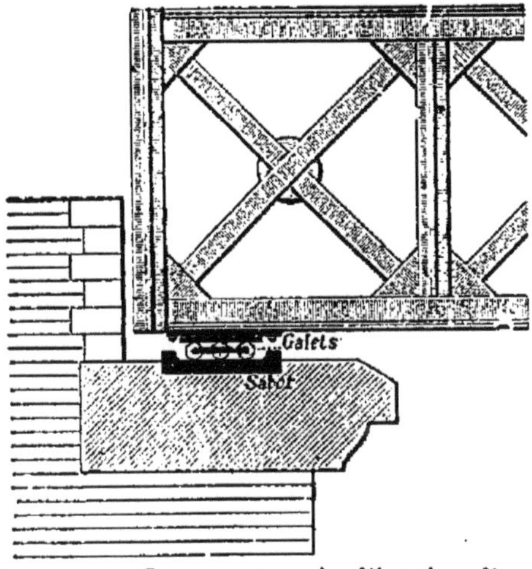

FIG. 107. — Compensateur de dilatation d'un pont métallique.

Les grands combles métalliques sont articulés au faîtage (*fig.* 108), de sorte que les variations de longueur dues à la dilatation se traduisent par de petits déplacements des boulons d'articulation dans le sens vertical. Un exemple remarquable de ce mode de construction est la Galerie des Machines construite pour l'exposition de 1889 ; on peut citer aussi le grand arc du fameux viaduc de Garabit, sur lequel passe le chemin de fer de Neussargues à Marvejols.

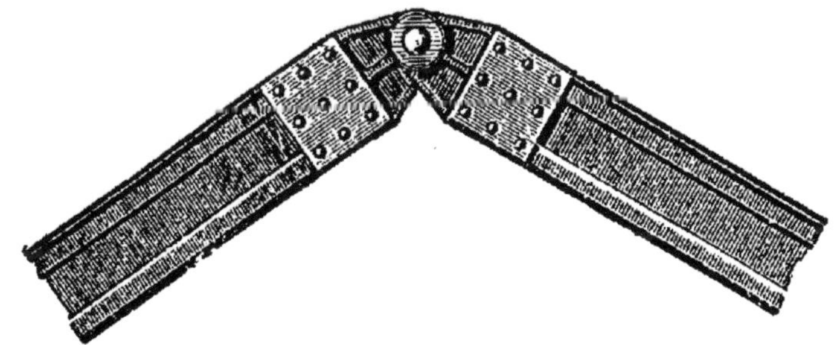

FIG. 108. — Comble articulé au faîtage.

Enfin, on utilise dans l'industrie la dilatation des solides pour le cerclage des roues de voitures, le serrage des pièces métalliques, le frettage, etc.

Lorsqu'un maréchal-ferrant veut cercler une roue de voiture, il fait le cercle un peu plus petit que la roue, puis il le chauffe presque au rouge. Le cercle se dilate alors suffisamment pour pouvoir être mis facilement en place ; plongé aussitôt dans l'eau avec la roue, il se refroidit, se contracte et serre fortement la roue.

La *rivure* à chaud de deux feuilles de tôle provoque, par le fait de la contraction des rivets revenant du rouge à la température ordinaire, un serrage énergique des pièces en contact. Sur cette observation est basé le *rivetage,* si usité dans la construction des chaudières à vapeur et récipients métalliques.

Fig. 109. — Pendule à gril.

Le *frettage* des bouches à feu se fait en emmanchant de force et à chaud des anneaux ou *frettes* calibrés sur le fût de canon ; par refroidissement, il en résulte un serrage énergique. Inversement, pour décaler un volant de son arbre quand les moyens ordinaires échouent, il suffit de chauffer le moyeu du volant ; ce moyeu, se dilatant seul, permet le dégagement. Ce procédé est analogue à celui qu'on emploie pour déboucher les flacons bouchés à l'émeri dans lesquels il s'est produit une adhérence entre le bouchon et le col.

Pendules compensateurs. — On sait que le mouvement des horloges est régularisé par un pendule dont les oscillations, étant très petites, sont toutes de même durée tant que sa longueur reste constante. Cela posé, supposons le pendule formé d'un seul métal ; lorsque la température s'élève, il s'allonge, et comme il oscille alors plus lentement, l'horloge retarde ; l'inverse se produit lorsque la température s'abaisse. Pour remédier à cet inconvénient, on a imaginé des *pendules compensateurs,* qui oscillent toujours dans le même temps quelles que soient les variations de température. Le type le plus connu est le pendule à gril.

Le *pendule à gril* est formé d'une lentille en laiton (*fig.* 109) soutenue par une série de tiges alternativement en acier et en laiton. Ces tiges sont fixées de manière que l'allongement des tiges d'acier ne puisse s'effectuer que de haut en bas et celui des tiges de laiton de bas en haut.

DILATATION DES LIQUIDES

83. Coefficients de dilatation. — Nous avons vu que les liquides se dilatent plus que les solides (73). L'augmentation de volume que paraît prendre ainsi le liquide dans une enveloppe qui se dilate moins que lui s'appelle sa dilatation *apparente* ; elle est évidemment inférieure à sa dilatation *réelle,* c'est-à-dire à l'augmentation de volume qu'il subit réellement. A ces dilatations correspondent un coefficient de dilatation apparente et un coefficient de dilatation *réelle.* Ce dernier est l'accroissement réel que prend l'unité de volume d'un liquide pour une élévation de température de 1° ; il est très sensiblement égal au coefficient de dilatation apparente augmenté du coefficient de dilatation cubique de l'enveloppe.

Pour le mercure, le coefficient de dilatation réelle est égal à 0,00018 ou $\frac{1}{5550}$; son coefficient de dilatation apparente dans le verre est $\frac{1}{6480}$.

On peut vérifier la dilatation réelle en appliquant une méthode dans laquelle n'intervient pas la dilatation de l'enveloppe. Cette méthode repose sur le principe suivant : *dans deux vases communicants les hauteurs de deux liquides de masses spécifiques différentes sont inversement proportionnelles à ces masses spécifiques.* On emploie deux tubes verticaux T, T' réunis par un tube à peu près capillaire et enveloppés chacun d'un manchon en verre épais (*fig.* 110). On verse dans l'appareil un liquide quelconque (alcool, pétrole), puis on introduit dans le tube T' de la vapeur d'eau bouillante : on

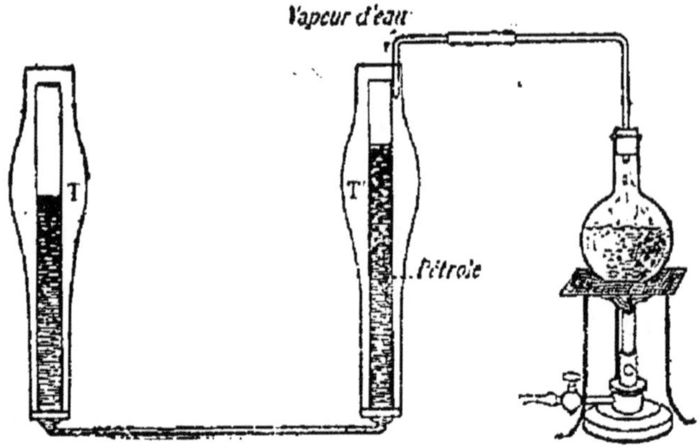

Fig. 110. — Expérience montrant la dilatation réelle d'un liquide.

remarque alors une différence de niveau dans les deux tubes.

84. Applications des dilatations des liquides. — La principale application consiste à utiliser la dilatation apparente des liquides dans la construction des thermomètres à liquides.

On tient compte de la dilatation du mercure dans l'observation du baromètre. C'est indispensable, car la densité du mercure variant avec la température, une même pression est équilibrée à des températures différentes par des colonnes mercurielles de hauteur différente. Aussi pour rendre les observations barométriques faites dans un même lieu comparables entre elles, convient-on de les ramener par le calcul à ce qu'elles seraient à 0°.

85. Dilatation de l'eau. — L'eau ne suit pas une loi de dilatation analogue à celle des autres liquides. Si l'on élève progressivement la température d'une masse d'eau donnée à partir de 0°, on constate que jusqu'à 4° elle se contracte au lieu de se dilater ; au-dessus de 4°, la contraction cesse et le liquide se dilate. Il en résulte que la masse spécifique de l'eau doit augmenter de 0 à 4°, pour diminuer ensuite au-dessus de cette dernière température.

Fig. 111. — Expérience de Hope.

Pour montrer que l'eau est plus dense à 4° qu'à toute autre température, on répète l'*expérience de Hope*. On met de l'eau à la température ordinaire dans une éprouvette entourée de glace à sa partie moyenne et munie de deux thermomètres disposés comme le montre la figure 111. Le thermomètre inférieur baisse rapidement, ce qui prouve que l'eau, à mesure qu'elle se refroidit, devient plus dense et gagne le fond du vase. Lorsque le thermomètre inférieur est arrivé à 4°, il ne descend plus ; le thermomètre supérieur baisse à son tour, atteint et dépasse 4°, pour arriver finalement à 0°.

L'existence du maximum de masse spécifique de l'eau explique comment, dans les lacs et les rivières, la température de l'eau à partir d'une certaine profondeur demeure constamment égale à 4°, quelles que soient les variations de température qui se produisent à la surface.

DILATATION DES GAZ

86. Action de la chaleur sur les gaz. — On peut chauffer un gaz, soit en le laissant se dilater librement, soit en l'empêchant de se dilater.

Dans le premier cas, *la force élastique du gaz ne varie pas* ; ainsi, dans l'expérience représentée par la figure 97, la force élastique de l'air est restée égale à la pression atmosphérique.

L'accroissement éprouvé par l'unité de volume d'un gaz pour une élévation de température de 1° sous pression constante s'appelle le *coefficient de dilatation du gaz sous pression constante*. Ce coefficient est sensiblement le même pour tous les gaz; il est égal à $\frac{1}{273}$, c'est-à-dire qu'un gaz qui occupe 10$^{cm^3}$ par exemple à 0°, occuperait à 100° un volume de

$$10 + \frac{10 \times 100}{273} = 10\left(1 + \frac{100}{273}\right).$$

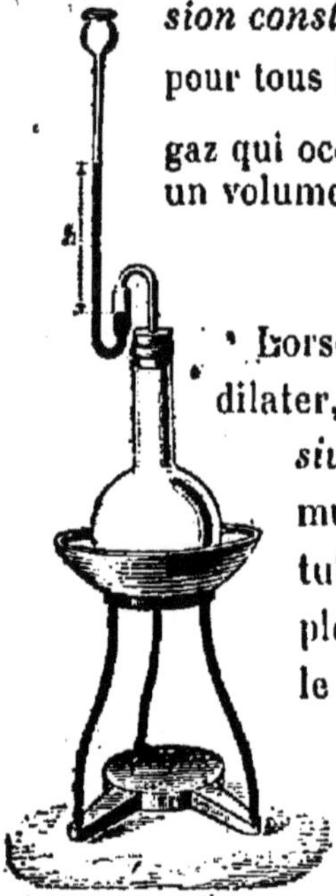

Lorsqu'on chauffe un gaz en l'empêchant de se dilater, *sa force élastique augmente progressivement*. Fermons un ballon par un bouchon muni d'un tube de sûreté; versons dans le tube une petite quantité de mercure, puis plongeons le ballon dans l'eau tiède (*fig.* 112); le liquide baisse dans la petite branche et monte dans la grande par suite de l'augmentation de force élastique du gaz. Versons alors du mercure dans la grande branche de manière à ramener le mercure à son niveau primitif dans la petite branche : le volume du gaz n'a pas varié par l'échauffement mais sa force élastique a augmenté d'une quantité mesurée par la colonne de mercure h.

Fig. 112. — Échauffement d'un gaz à volume constant.

On peut encore montrer cette action avec un ballon relié par un tube de verre et un tube de caoutchouc à deux tubes communicants contenant de l'eau colorée (*fig.* 113). Si on chauffe le ballon, la force élastique de l'air qu'il contient augmente, fait descendre le liquide dans le tube A et monter dans le tube B.

87. Applications des dilatations des gaz. — Les gaz constituent les meilleures substances thermométriques, à cause de leur grande dilatabilité, dilatabilité qui permet de négliger complètement l'influence de la dilatation de l'enveloppe. Aussi est-ce aux thermomètres à gaz qu'on a recours quand on veut obtenir une température avec précision; c'est parmi eux qu'on choisit le *thermomètre étalon* ou *thermomètre normal*, auquel on compare les températures de tous les autres thermomètres, en dehors des points fixes 0 et 100.

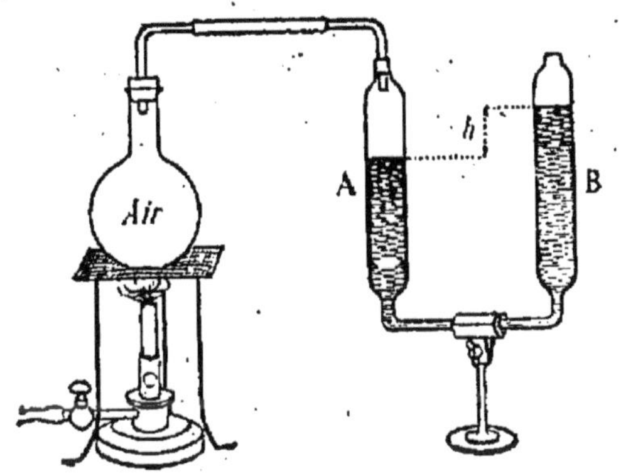

FIG. 113. — Expérience montrant l'augmentation de la force élastique d'un gaz par la chaleur.

88. **Densités des gaz.** — Les densités des gaz ne se rapportent pas à l'eau comme celles des solides et des liquides (20); on les rapporte à l'air.

On appelle densité d'un gaz le rapport entre la masse d'un certain volume de gaz et la masse du même volume d'air, ces volumes étant considérés à la même température (0°) et sous la même pression (76cm). Quand on dit, par exemple, que la densité du chlore est 2,45, cela veut dire qu'un litre de chlore pèse 2,45 fois plus qu'un litre d'air à 0° et sous la pression de 76cm.

RÉSUMÉ DU CHAPITRE XI

On appelle coefficient de dilatation linéaire d'une barre l'augmentation que subit l'unité de longueur de cette barre pour une élévation de température de 1°.

On tient compte de la dilatation des solides surtout dans l'emploi des métaux : pose des rails, des feuilles de zinc des toitures, cerclage des roues de voitures, etc.

On distingue dans les liquides un coefficient de dilatation apparente et un coefficient de dilatation absolue.

Les hauteurs barométriques observées doivent être ramenées à ce qu'elles seraient à 0° pour être comparables dans un même lieu.

L'eau présente à 4° un maximum de masse spécifique : cela tient à ce qu'elle diminue de volume en passant de 0 à 4°, puis augmente de volume au-dessus de cette température. On démontre cette propriété par l'expérience de Hope.

On peut chauffer un gaz soit en le laissant se dilater librement, soit en l'empêchant de se dilater. Dans le premier cas, la force élastique du gaz ne varie pas ; dans le second, elle augmente progressivement avec la température.

Les thermomètres à gaz constituent les thermomètres de précision par excellence, à cause de la grande dilatabilité des gaz.

EXERCICES SUR LE CHAPITRE XI

25. Une barre de fer a $4^m,62$ de longueur à 0° ; quelle sera sa longueur à 250°, le coefficient de dilatation linéaire du fer étant 0,000012 ?

26. Une sphère en platine a un volume de 125^{cm^3} à 0°. On demande son volume à 50°, le coefficient de dilatation linéaire du platine étant 0,0000088.

27. On considère un cube de 1^{cm} de côté, formé d'une substance dont le coefficient de dilatation linéaire est k ; on élève sa température de 1°. Calculer son nouveau volume et montrer que le coefficient de dilatation cubique du corps est sensiblement égal au triple du coefficient de dilatation linéaire.

CHAPITRE XII

MESURE DES QUANTITÉS DE CHALEUR

89. Unité de quantité de chaleur. — Supposons que l'on fasse brûler successivement 1^g, 2^g, 3^g, ... de carbone, par exemple, de manière que toute la chaleur produite se transmette à $1\,000^g$ d'eau ; on constate que la température de ce liquide s'élève successivement de 8°, 16° 24°, ... Les quantités de chaleur dégagées par la combustion du carbone et absorbées par l'eau étant proportionnelles aux nombres 1, 2, 3, ... peuvent être considérées comme des grandeurs et mesurées avec une unité conventionnelle.

L'unité adoptée pour évaluer les quantités de chaleur s'appelle la *calorie*.

La calorie est la quantité de chaleur qu'il faut céder à un gramme d'eau pour élever sa température de 1°.

L'expérience démontre qu'il faut toujours une calorie pour élever ou abaisser d'un degré la température d'un gramme d'eau. En effet, si l'on mélange rapidement 1^g d'eau à 0° et 1^g d'eau à 2°, on obtient 2^g d'eau à 1°; on en conclut que le second gramme, en se refroidissant de 2° à 1°, a abandonné une calorie, et, réciproquement, qu'il faut céder 1^{cal} à 1^g d'eau pour l'échauffer de 1° à 2°. En général, si l'on répète la même expérience avec des quantités égales d'eau à d'autres températures, on trouve toujours que la température finale est *la moyenne* des températures primitives, à condition toutefois que la température la plus élevée ne dépasse pas 50°.

Application. — Soit à trouver le nombre de calories nécessaires pour porter à 25° la température de 100^g d'eau qui sont à 10°.

1^g d'eau, pour passer de 10° à 25°, absorbe $25 - 10 = 15$ calories; 100^g absorbent 100 fois plus ou 1 500 calories. Inversement, 100^g d'eau, pour passer de 25° à 10°, dégagent $100\,(25 - 10) = 1\,500$ calories.

90. Chaleurs spécifiques. — Nous avons dit que si l'on fait brûler 1^g de carbone de manière que la chaleur dégagée soit employée uniquement à échauffer $1\,000^g$ d'eau, la température de ce liquide s'élève à peine de 8°. Si la même quantité de chaleur était employée à échauffer la même masse de fer, de cuivre, de mercure, l'élévation de température serait d'environ 70° pour le fer, 80° pour le cuivre, 240° pour le mercure. Ainsi les diverses substances, à quantité égale, ne s'échauffent pas du même nombre de degrés quand on leur fournit la même quantité de chaleur ; en d'autres termes, elles exigent des quantités de chaleur différentes pour s'élever d'un même nombre de degrés.

On appelle chaleur spécifique d'un corps le nombre de calories qu'il faut céder à 1g de ce corps pour élever sa température de 1°

D'après cette définition, la chaleur spécifique de l'eau est 1^{cal}

Application. — Soit à trouver le nombre de calories nécessaires pour porter 1^{kg} de fer de 10° à 50°, la chaleur spécifique de fer étant $0^{cal},114$.

1g de fer, pour passer de 10° à 50°, absorbe

$$0{,}114\,(50-10)=0{,}114\times 40.$$

Les 1 000g de fer absorberont $1\,000\times 0{,}114\times 40=4\,560^{cal}$.

91. Détermination des chaleurs spécifiques. — La méthode la plus simple est la *méthode des mélanges.*

On prend une quantité déterminée du corps chauffé à une température connue et on l'introduit dans une quantité connue d'eau froide : l'eau s'échauffe, le corps se refroidit, et le mélange finit par prendre une température uniforme, dite température *finale,* intermédiaire entre la température initiale du corps et la température initiale de l'eau. Si l'on ne tient pas compte du vase et du thermomètre qui prennent part aux échanges de chaleur, on peut écrire que la chaleur absorbée par l'eau est égale à la chaleur perdue par le corps, ce qui permet d'obtenir la chaleur spécifique cherchée.

Exemple. — 500g de cuivre à 100° ont été introduits dans 200g d'eau à 12° ; la température finale est 28°,8 ; quelle est la chaleur spécifique du cuivre ?

La chaleur gagnée par l'eau est $200\,(28{,}8-12)=3\,360^{cal}$; la chaleur perdue par le cuivre, $500\,(100-28{,}8)\,x$, x désignant la chaleur spécifique du cuivre. On a donc

$$500\,(100-28{,}8)\,x=3\,360,$$

d'où

$$x=\frac{3\,360}{35\,600}=0^{cal},094.$$

Le vase destiné à contenir l'eau et le corps se nomme le *calorimètre à eau* ; c'est un cylindre en laiton mince (*fig.* 114) reposant par trois pointes de liège, corps mauvais conducteur, sur le fond d'une enveloppe cylindrique en laiton, polie intérieurement, qui lui renvoie par réflexion presque toute la chaleur émise. Enfin la température initiale de l'eau et la température finale du mélange sont données par un bon thermomètre fixé à un support en bois.

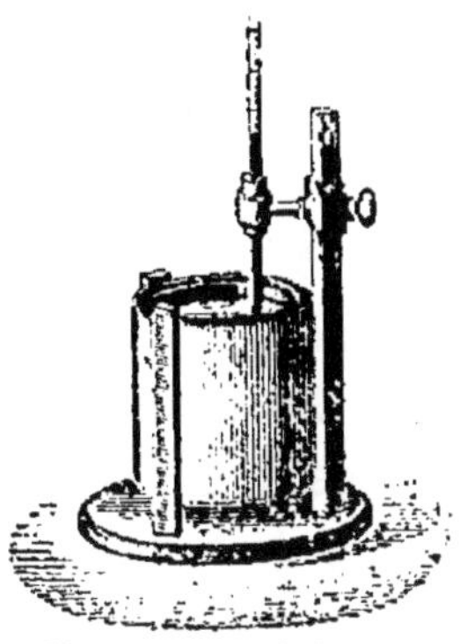

FIG. 114. — Calorimètre à eau.

REMARQUE. — Dans les expériences de précision, on tient naturellement compte de la chaleur absorbée par le calorimètre et par le thermomètre. On réduit le corps en menus fragments, puis on le place dans une corbeille en fils de laiton et on chauffe le tout dans une étuve à température constante. Il faut évidemment tenir compte aussi de la chaleur perdue par cette corbeille quand on la plonge dans l'eau du calorimètre.

92. **Résultats.** — *De tous les corps solides et liquides, c'est l'eau qui a la plus grande chaleur spécifique.* Celle-ci étant 1^{cal} par définition, les chaleurs spécifiques des autres corps sont exprimées par des fractions de calorie.

Conséquences pratiques. — La conséquence pratique la plus importante de la grande chaleur spécifique de l'eau est l'influence des grandes masses d'eau, des océans en particulier, sur la distribution de la température à la surface du globe.

Par suite de cette propriété exceptionnelle, l'eau éprouve moins de variations de température que la terre ferme pour une même quantité de chaleur emise ou absorbée ; aussi le refroidissement ou l'échauffement sont-ils beaucoup plus lents pour les océans que pour la terre ferme. De là vient que les océans conservent à leur surface une température sensiblement constante. De plus les côtes, et surtout les îles, recevant continuellement de l'air dont la température s'est rapprochée de celle de l'eau, ont aussi un climat moins variable que l'intérieur des continents. C'est ainsi que l'Islande, malgré sa latitude, a des hivers généralement plus doux que ceux du centre de la France. Sur les continents, à mesure qu'on s'éloigne des côtes pour gagner l'intérieur des terres, la différence entre les températures moyennes de l'été et de l'hiver augmente.

On met à profit la grande chaleur spécifique de l'eau dans le chauffage par l'eau chaude des appartements, des wagons de chemins de fer, etc. L'eau est en effet de tous les corps celui qui, à masse égale, abandonne la plus grande quantité de chaleur entre les mêmes limites de température.

Pour une même substance, la chaleur spécifique varie :

1° *avec l'état physique*. La chaleur spécifique est généralement plus petite à l'état solide qu'à l'état liquide : ainsi la chaleur spécifique de la glace est la moitié de celle de l'eau ;

2° *avec l'état dans lequel se présente un même corps* : le diamant, le graphite et le charbon de bois, par exemple, n'ont pas la même chaleur spécifique bien que tous trois soient du carbone.

RÉSUMÉ DU CHAPITRE XII

La chaleur est une grandeur mesurable ; elle s'évalue en calories. La calorie est la quantité de chaleur nécessaire pour élever de 1° la température de 1g d'eau.

On appelle chaleur spécifique d'un corps le nombre de calories nécessaires pour élever de 1° la température de 1g de ce corps.

Pour déterminer la chaleur spécifique d'un corps, on en immerge une quantité connue, chauffée à une température déterminée, dans une quantité connue d'eau froide contenue dans un calorimètre ; la température du corps et celle de l'eau varient en sens inverse jusqu'à devenir égales (température finale). On exprime ensuite que la chaleur perdue par le corps est égale à la chaleur gagnée par l'eau.

L'eau a une chaleur spécifique plus grande que celle des autres corps. Il en résulte que les océans ne subissent pas de grandes variations de températ[illegible] et que les climats marins et insulaires ne présentent pas entre l'été et l'hiver les mêmes écarts que les climats continentaux.

EXERCICES SUR LE CHAPITRE XII

28. Une masse de plomb pesant 1kg et chauffée à 200° est plongée dans 500g d'eau à 12°. La température finale est 23°. Quelle est la chaleur spécifique du plomb ?

29. Pour connaître la température d'un four, on y laisse quelque temps un bloc de platine pesant 1kg, puis on plonge ce bloc dans 500g d'eau à 12°. Le liquide s'échauffe jusqu'à 18°. Sachant que la chaleur spécifique du platine est égale à 0cal,032, on demande la température du four.

CHAPITRE XIII

FUSION. — SOLIDIFICATION

93. Changements d'état en général. — Outre les changements de volume que nous venons d'étudier, les corps peuvent éprouver des changements d'état lorsqu'ils sont soumis à des variations de température.

Prenons du soufre et chauffons-le avec précaution dans un tube de verre. Le soufre se dilatera et sa température s'élèvera peu à peu ; mais à un moment donné nous verrons se former une couche liquide qui coulera et s'accumulera au fond du tube. On dit qu'il y a eu *fusion*. Sous l'influence de la chaleur, le soufre liquide se transforme lui-même en vapeurs.

Inversement, les vapeurs de soufre, en se refroidissant, repassent d'abord à l'état de soufre liquide, puis de soufre ordinaire. Ces divers changements, *fusion, vaporisation, liquéfaction, solidification*, n'altèrent en rien la nature du soufre ; ce sont des changements purement physiques.

ÉTUDE DE LA FUSION

94. Phénomène de la fusion. — *On appelle fusion le passage d'un corps de l'état solide à l'état liquide sous l'influence de la chaleur.*

Tous les corps solides fondent à une température plus ou moins élevée, à l'exception de quelques composés comme le bois, le papier qui, lorsqu'on les chauffe, se décomposent avant de perdre l'état solide. Pour certains corps comme le verre, le fer, la cire à cacheter, les propriétés du solide se modifient progressivement ; ces corps se ramollissent, puis deviennent visqueux avant de prendre l'état parfaitement liquide ; on dit que leur fusion est *pâteuse*. C'est cette fusion pâteuse qui permet le soufflage et l'étirage du verre.

Un grand nombre de corps au contraire passent de l'état parfaitement solide à l'état parfaitement liquide sans passer par un état intermédiaire : ils subissent la fusion *brusque* ; tels sont la glace, le soufre, l'étain.

95. Lois de la fusion. — Les lois que nous allons énoncer ne s'appliquent qu'aux corps à fusion brusque.

1re Loi : *Sous une pression constante, la fusion se produit toujours pour un même solide à une température déterminée qu'on appelle point de fusion.*

L'échelle des points de fusion est très étendue. Le mercure fond vers — 40°, la glace à 0°, le soufre vers 114°, l'étain à 235°, le platine à 1 775°. Certains corps qui étaient regardés autrefois comme infusibles ou *réfractaires*, comme la chaux, la silice, ont pu être fondus à l'aide du four électrique, dans lequel on utilise la haute température (3 500° environ) produite par l'arc voltaïque.

2ᵉ Loi : ***La fusion n'est pas instantanée ; dès qu'elle est commencée, la température reste invariable jusqu'à ce que la fusion soit complète.***

Cette loi se vérifie aisément en plongeant un thermomètre dans des corps en fusion (glace fondante, etc.).

Applications. — La connaissance exacte des points de fusion et leur constance pour un même corps sont souvent employées soit pour découvrir la nature d'un corps, soit pour en vérifier la pureté.

Dans le commerce, les suifs pour les usages de la stéarinerie sont achetés suivant leurs points de fusion. Il en est de même pour un certain nombre de produits industriels.

96. Chaleur de fusion. — La constance de la température pendant toute la durée de la fusion indique que la chaleur cédée par le foyer à la masse en fusion est employée uniquement à amener les différentes parties dans des positions relatives différentes de celles qu'elles occupaient à l'état solide à la même température. Cette chaleur ainsi transformée en travail varie d'un corps à un autre et constitue pour chacun d'eux une propriété spécifique. La quantité de chaleur absorbée par 1g d'un corps solide pour passer à l'état liquide sans changer de température s'appelle la *chaleur de fusion* du corps solide.

La chaleur de fusion de la glace, par exemple, est 80cal ; cela veut dire qu'un gramme de glace à 0° absorbe 80cal pour se transformer en eau liquide, également à 0°. Il en résulte que si l'on mélangeait 1g de glace à 0° avec 1g d'eau à 80°, on aurait 2g d'eau à 0°.

Les chaleurs de fusion des divers corps se déterminent en suivant une marche analogue à la méthode des mélanges (91).

97. Changements de volume accompagnant la fusion. — La plupart des corps solides, en passant à l'état liquide, augmentent de volume ; le liquide obtenu est, par suite, moins dense que le solide, ce qui explique pourquoi dans la fusion du soufre, de la cire, du plomb, les parties restées solides tombent toujours au fond du vase.

Certains corps, cependant, comme la glace, la fonte, le bismuth, éprouvent en passant à l'état liquide une diminution de volume et, par suite, un accroissement de densité ; aussi pour tous ces corps les parties restées solides surnagent-elles.

98. Influence de la pression sur la fusion. — Il faut que les variations de la pression extérieure soient assez considérables pour pouvoir produire un changement appréciable dans la valeur du point de fusion d'un corps.

Pour les corps qui augmentent de volume en se liquéfiant, ce qui est le cas général, la pression extérieure est un obstacle à la dilatation ; par suite, un accroissement de pression extérieure élèvera la température de fusion. C'est ainsi, par exemple, que la paraffine, qui fond à 46°,3 sous la pression atmosphérique, ne fond plus qu'à 49°,9 sous une pression 100 fois plus grande.

Inversement, pour les corps dont le volume diminue par la fusion, un accroissement de pression abaisse le point de fusion.

Regel de la glace. — Nous venons de dire que, pour les corps dont le volume diminue par la fusion, un accroissement de pression favorise la fusion. Le regel de la glace consiste en ce que deux morceaux de glace pressés fortement l'un contre l'autre, se soudent aussitôt ensemble.

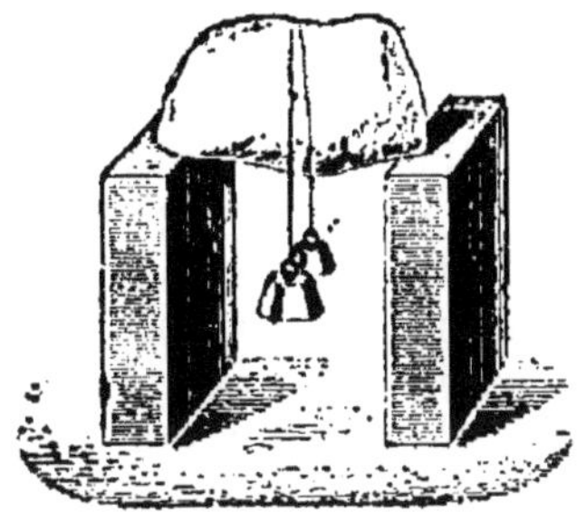

Fig. 115. — Regel de la glace.

Dans les cours, on montre le regel en posant sur un bloc de glace un fil métallique tendu par des masses assez fortes (*fig.* 115). Le fil traverse peu à peu tout le bloc de glace sans cependant y laisser de discontinuité. Sous l'effet de la pression produite aux points de contact, une partie de la glace fond. L'eau provenant de la fusion ne peut rester à l'état liquide que si la pression est maintenue. Dès que le fil cesse de presser, la congélation se produit de nouveau, de sorte que la section déterminée par le fil se referme d'elle-même derrière lui.

ÉTUDE DE LA SOLIDIFICATION

99. Phénomène de la solidification. — La solidification est le passage de l'état liquide à l'état solide par refroidissement. Ce phénomène est soumis à deux lois qui correspondent à celles de la fusion :

1re Loi : *Tout liquide se solidifie à une température déterminée, qui est généralement celle de la fusion.*

2e Loi : *La température de la masse qui se solidifie est constante pendant toute la durée de la solidification.*

Il résulte de cette deuxième loi que la solidification est accompagnée d'un dégagement de chaleur. Cette chaleur, l'expérience le montre, est rigoureusement égale à la chaleur qui a été absorbée pendant la fusion.

100. Surfusion. — On dit qu'il y a *surfusion* lorsque la température d'un liquide s'abaisse au-dessous de son point de solidification sans cependant qu'il se solidifie. Cette exception à la première loi de la solidification se produit avec la plupart des corps fondus lorsqu'on les laisse refroidir à l'abri de toute agitation, et surtout lorsqu'il ne reste dans le liquide aucune parcelle solide de la même substance.

Fig. 116. — Surfusion du phosphore.

Pour montrer le phénomène de la surfusion, on assujettit dans un grand ballon plein d'eau un thermomètre et un large tube contenant du phosphore recouvert d'une couche d'eau (*fig.* 116). On chauffe le tout à une température un peu supérieure au point de fusion du phosphore (44°), puis on laisse refroidir. Le thermomètre descend ; il peut même baisser jusqu'à 30° sans que le phosphore se solidifie. A ce moment, on descend dans le tube une baguette de verre à l'extrémité de laquelle adhère une parcelle de phosphore : dès que cette extrémité arrive au contact du phosphore en surfusion, celui-ci se solidifie.

101. Changements de volume accompagnant la solidification. — Pour les corps qui augmentent de volume en fondant, la solidification est accompagnée d'une diminution de volume ; on dit que ces corps éprouvent un *retrait* ; c'est pour cela que le phosphore n'adhère pas aux tubes dans lesquels on le moule. Quand on scelle une lame de fer dans la pierre, on est obligé d'ajouter à plusieurs reprises du soufre fondu pour combler les vides produits pendant la solidification.

Inversement, les corps qui éprouvent en fondant une diminution de volume augmentent de volume en se solidifiant. Pour le moulage il y a avantage à se servir de ces corps : lorsque la fonte grise, par exemple, est versée à l'état liquide dans un moule, elle se dilate en se solidifiant et remplit exactement toutes les cavités du moule. Si l'on met un tube à essais plein d'eau et bien bouché dans un mélange réfrigérant de chlorure de sodium et de glace, le tube est brisé par suite de l'augmentation de volume.

Les changements de volume qui accompagnent la solidification sont particulièrement intéressants à considérer pour la glace. Elle est formée par la réunion d'un très grand nombre de petits cristaux étoilés (*fleurs de la glace*), présentant en leur centre un petit espace vide (*fig.* 117). L'existence de ces espaces vides résulte de l'augmentation de volume qui s'est produite pendant la congélation.

Fig. 117. — Fleurs de la glace.

L'augmentation de volume qu'éprouve l'eau en se congelant peut exercer des efforts mécaniques très puissants. En hiver, des tuyaux qu'on a laissés remplis d'eau sont fréquemment rompus; des vases à col étroit contenant de l'eau se brisent, parce que l'eau, se congelant d'abord à la surface, forme une sorte de bouchon qui emprisonne le reste du liquide. Enfin les pierres dites *gélives* sont des pierres poreuses qui se désagrègent au moment des gelées et sont par suite impropres aux constructions; cette désagrégation est due à la congélation de l'eau de pluie qu'elles avaient absorbée.

102. Dissolution. — On appelle *dissolution* le passage d'un corps de l'état solide à l'état liquide en se mélangeant à un liquide qu'on appelle *dissolvant*. Ainsi le sel marin se dissout dans l'eau, le soufre se dissout dans le sulfure de carbone, etc. La quantité d'un solide qui peut se dissoudre dans un liquide dépend surtout de la nature de ce solide et de la température du liquide. On appelle *coefficient de solubilité* d'un solide le nombre maximum de grammes qu'on peut dissoudre un litre de dissolvant à la température que l'on considère.

Soit à étudier la solubilité du sel marin (chlorure de sodium) dans l'eau. On prend 100g d'eau et on détermine à différentes températures la quantité de sel qu'il faut y dissoudre pour que cette eau en contienne tout ce qu'elle peut en contenir à la température de l'expérience. On trace alors deux droites rectangulaires (*fig.* 118) et, sur l'horizontale, on prend des longueurs égales qui représentent

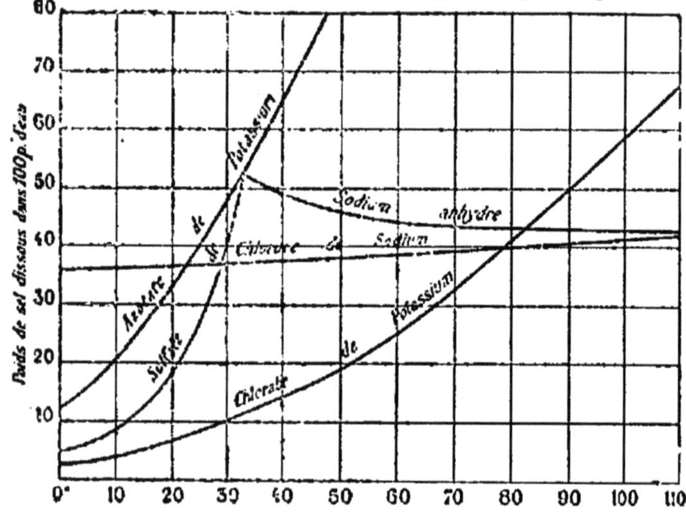

Fig. 118. — Courbes de solubilité de quelques sels.

les degrés de température (marqués de 10 en 10 sur la figure). Aux points qui correspondent aux températures des expériences, on élève des perpendiculaires de longueur proportionnelle au coefficient de solubilité observé. En joignant les extrémités de ces perpendiculaires par un trait continu, on obtient ce qu'on appelle la *courbe de solubilité* du chlorure de sodium. Si l'on voulait connaître la solubilité à 40°, par exemple, il suffirait de mesurer la longueur de la perpendiculaire menée du degré 40 sur la courbe de solubilité.

La figure 118 représente aussi les courbes de solubilité de quelques sels autres que le sel marin. Tandis que ce dernier sel n'est guère plus soluble à chaud qu'à froid, la solubilité du chlorate de potassium et de l'azotate de potassium augmente rapidement avec la température; la solubilité du sulfate de sodium atteint sa plus grande valeur à 33°.

Le phénomène de la dissolution est accompagné, comme celui de la fusion, d'une absorption de chaleur. Cette absorption a pour effet d'abaisser la température du dissolvant. Si l'on dissout par exemple de l'azotate d'ammonium dans l'eau, on obtient un abaissement de température d'au moins 25°.

Cristallisation par voie de dissolution. — La plupart des corps, en repassant de l'état liquide à l'état solide après avoir été dissous, prennent des formes géométriques régulières, toujours la même pour chacun d'eux : on dit qu'ils *cristallisent*. Ces formes, appelées *cristaux*, ne se produisent que si le changement d'état a lieu lentement et si le corps est susceptible de cristalliser (V. *Chimie*).

Sursaturation. — Une dissolution saturée à chaud peut généralement, quand on prend certaines précautions, subir un abaissement de température plus ou moins considérable sans que le corps dissous se dépose : on dit alors qu'il y a *sursaturation*. Quand une dissolution est sursaturée, on provoque une cristallisation instantanée en y introduisant une parcelle de cristal de même nature que le solide dissous.

Le phénomène peut être facilement mis en évidence avec l'azotate de calcium. On verse une dissolution saturée de ce sel sur une plaque de verre et, au bout d'un certain temps, on promène dans le liquide sursaturé une baguette à l'extrémité de laquelle adhère un fragment d'azotate de calcium ; on voit alors la cristallisation se produire instantanément autour des points touchés et se propager rapidement dans le liquide.

Mélanges réfrigérants. — Les mélanges réfrigérants sont destinés à abaisser la température des corps qui y sont plongés.

On compose les mélanges réfrigérants de manières très diverses. Dans les uns, on utilise simplement le froid qui accompagne la dissolution ; nous citerons comme exemple la dissolution de l'azotate d'ammonium dans l'eau. Dans d'autres, on utilise à la fois l'abaissement de température qui accompagne la fusion et celui qui accompagne la dissolution (chlorure de sodium et glace) : la glace fond et le sel se dissout dans l'eau provenant de la fusion.

Les mélanges réfrigérants sont utilisés pour liquéfier certains gaz ; pour fabriquer des glaces, des sorbets, etc. Les plus employés sont formés de glace ou de neige et de sels divers (chlorure de sodium, salpêtre, chlorure de calcium).

RÉSUMÉ DU CHAPITRE XIII

Les changements d'état physiques sont : la fusion, la vaporisation, la liquéfaction et la solidification.

La *fusion* est le passage d'un solide à l'état liquide par l'action de la chaleur. Pour les corps qui fondent brusquement, il y a deux lois : la fusion pour un même corps se produit toujours à la même température ; cette température, appelée point de fusion, ne varie pas pendant toute la durée de la fusion. La chaleur fournie à la masse en fusion s'appelle chaleur de fusion.

La plupart des solides, en passant à l'état liquide augmentent de volume (soufre) ; certains corps au contraire diminuent de volume (glace).

La *solidification* est l'inverse de la fusion. Elle se produit aussi à une température fixe (point de solidification), qui est celle de la fusion ; cette température reste constante pendant toute la durée du phénomène.

Pour les corps qui augmentent de volume en fondant, la solidification est accompagnée d'une diminution de volume (soufre) ; l'inverse se produit pour les corps qui éprouvent en fondant une diminution de volume (glace).

La dissolution d'un solide dans un liquide est une sorte de fusion ; elle entraîne un abaissement de température. Lorsqu'un corps dissous reprend l'état solide, il cristallise généralement.

EXERCICES SUR LE CHAPITRE XIII

30. Quelle quantité de glace doit-on mettre dans 15^l d'eau à 12° ur en abaisser la température à 5° ?

31. On suppose que le sol soit couvert d'une couche de 2^{cm} d'épaisseur de neige à 0° ; quelle est l'épaisseur de la couche de pluie tombant à 12° qui serait nécessaire pour déterminer la fusion de la neige ? La masse spécifique relative de la neige est 0^g,78.

CHAPITRE XIV

ÉTUDE DES VAPEURS

103. Vaporisation en général. — On dit qu'un liquide se vaporise quand il se transforme en un gaz qu'on appelle alors *vapeur*. Ce mot ne se rapporte pas à un quatrième état de la matière ; il indique seulement qu'à la température ordinaire le corps considéré n'est pas gazeux. La formation des vapeurs a lieu à toute température pour la plupart des liquides : il n'y a donc pas à considérer *de point de vaporisation* analogue au point de fusion.

104. Formation des vapeurs dans le vide. — Pour étu-

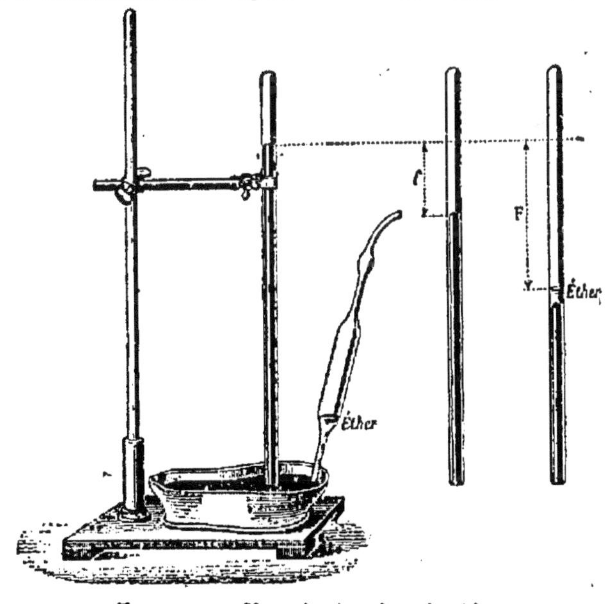

Fig. 119. — Vaporisation dans le vide.

dier la formation des vapeurs dans le vide, on répète l'expérience de Torricelli (44), puis on introduit dans le tube quelques gouttes d'éther (*fig.* 119). Le liquide s'élève en vertu de sa faible densité; dès qu'il arrive dans la chambre barométrique, il disparaît instantanément, et en même temps le mercure se déprime. Si l'on continue d'introduire de l'éther, le même fait se reproduit, et cela jusqu'à ce que le liquide forme une petite couche à la surface du mercure. A partir de ce moment, le niveau du mercure ne varie plus. Lorsqu'un excès d'éther subsiste ainsi en contact avec la vapeur d'éther, l'espace situé au-dessus du mercure renferme la plus grande quantité de vapeur qu'il puisse contenir; on dit qu'il est *saturé*, ou encore que la vapeur est *saturante*. La force élastique de celle-ci, mesurée par la dépression qu'a subie la colonne mercurielle, ne peut également devenir plus grande; on l'appelle *force élastique maxima* de la vapeur d'éther à la température de l'expérience. On déduit de cette expérience que lorsqu'un liquide est introduit dans le vide, il y a production *instantanée* de vapeurs dont la force élastique est comparable à celle des gaz.

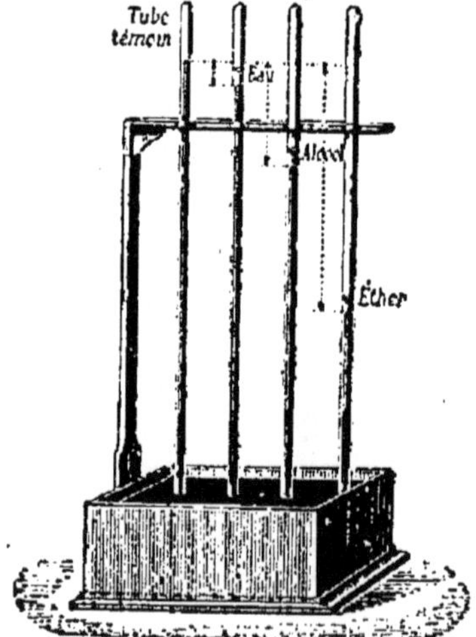

Fig. 120. — Comparaison des forces élastiques maxima des différents liquides.

105. Variations de la force élastique maxima avec la nature du liquide. — L'expérience précédente réussit avec la plupart des liquides mais la hauteur de la dépression maxima que l'on observe varie avec la nature du liquide. Si l'on veut comparer sous ce rapport l'eau, l'alcool et l'éther, par exemple, on dispose parallèlement, dans une même cuvette, un baromètre ordinaire et trois baromètres dans lesquels on introduit respectivement un excès d'eau, d'alcool et d'éther (*fig.* 120). On constate que la dépression du mercure est plus grande dans le baromètre à alcool que dans le baromètre à eau, et plus grande dans le baromètre à éther que dans les deux autres.

106. Variation de la force élastique maxima avec la température. — La force élastique maxima d'une vapeur saturante augmente à mesure que la température s'élève. Pour le démontrer, on promène une flamme le long d'un baromètre contenant une vapeur saturante ; le niveau du mercure baisse rapidement. Si on laisse le tube revenir à la température ordinaire, le mercure remonte peu à peu et finit par reprendre son premier niveau.

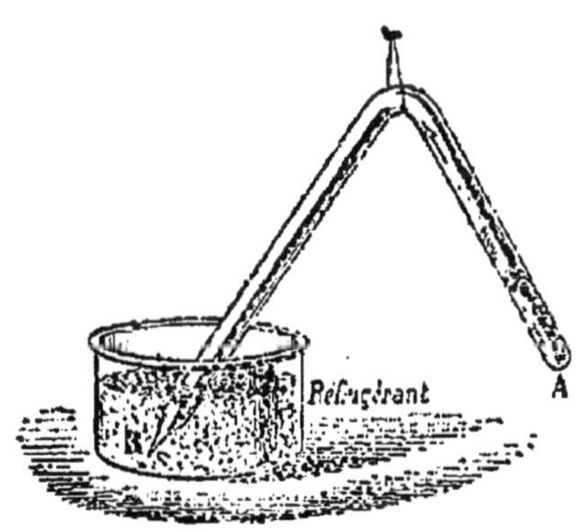

Fig. 121. — Principe de Watt.

107. Principe de Watt ou de la paroi froide. — Nous avons vu qu'on condense une vapeur en diminuant son volume ; on peut aussi produire cette condensation en abaissant sa température.

Considérons un tube recourbé, complètement fermé et dont les deux branches A et B contiennent un même liquide maintenu à des températures différentes T et t (*fig.* 121) ; il ne peut y avoir équilibre, la force élastique maxima correspondant à T° étant supérieure à celle qui correspond à $t°$. Les vapeurs émises par le liquide de la branche A se rendent dans la branche B et, ne pouvant y exister au-dessus de la force élastique maxima correspondant à $t°$, s'y condensent. Il se produit donc une véritable *distillation* de A vers B jusqu'à ce que tout le liquide soit réuni dans cette dernière branche.

D'après le principe de Watt, *lorsque tout le liquide est réuni dans la partie la plus froide, la vapeur n'a dans tout l'appareil que la force élastique maxima qui correspond à la température de la région ou paroi la plus froide.*

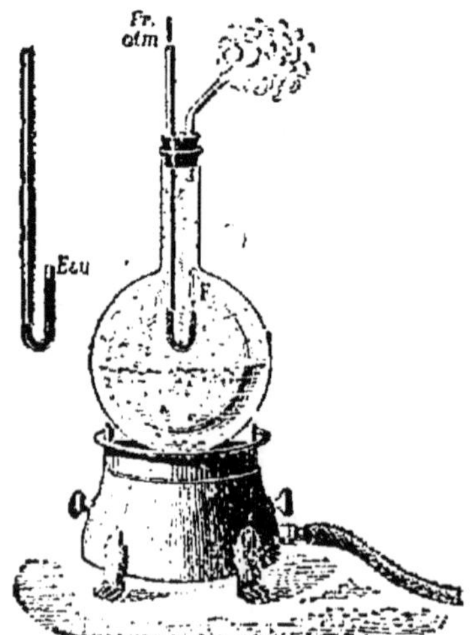

Fig. 122. — La force élastique de la vapeur d'eau bouillante est égale à la pression extérieure.

108. Forces élastiques maxima de la vapeur d'eau à différentes températures. — Les variations de la force élastique maxima avec la température sont particulièrement importantes à considérer pour la vapeur d'eau, à cause de son emploi comme force motrice. Nous étudierons seulement ces variations dans les limites d'emploi des chaudières.

Principe : *Quand un liquide est en ébullition, la force élastique de la vapeur qu'il émet est égale à la pression qui s'exerce sur sa surface libre.*

Pour vérifier ce principe, on se sert d'un tube recourbé dont la petite branche est fermée et la grande ouverte (*fig.* 122). La petite branche contient du mercure et une petite quantité d'eau qui a été préalablement privée d'air par ébullition. Le tube étant engagé dans un ballon contenant de l'eau, on porte celle-ci à l'ébullition. Dès que la vapeur se dégage, l'eau que renferme la petite branche se réduit elle-même en vapeur et les niveaux du mercure se mettent à la même hauteur dans les deux branches ; donc la force élastique de la vapeur formée dans la petite branche est égale à la pression atmosphérique.

D'après ce principe, si l'on fait bouillir de l'eau dans une enceinte fermée sous des pressions progressivement croissantes, l'ébullition se produira à des températures qui croîtront en même temps, et il suffira de déterminer ces températures pour avoir les forces élastiques maxima correspondantes.

Résultats. — L'ensemble des expériences a conduit aux résultats suivants :

1° *La force élastique maxima de la vapeur d'eau augmente toujours avec la température ;*

2° *Il n'y a pas de relation simple entre la température de la vapeur d'eau et sa force élastique maxima.* De là la nécessité de dresser des tables qui indiquent, en regard de chaque température, la force élastique maxima correspondante.

Dans les calculs industriels, on obtient la force élastique maxima à différentes températures en employant la formule simple de Duperray : $F = T^4$, formule qui est suffisamment approximative. F représente la force élastique maxima de la vapeur d'eau en kilogrammes par centimètre carré, T la température en centaines de degrés.

La figure 123 est la représentation graphique des variations de la force élastique maxima de la vapeur d'eau dans les limites d'emploi des chaudières. Sur l'horizontale on a porté les températures (en négligeant les fractions de degré) auxquelles cette force élastique vaut un nombre entier de kilogrammes, puis élevé aux diverses températures des perpendiculaires de longueur proportionnelle à 1kg, 2kg, etc. La courbe qui relie tous les

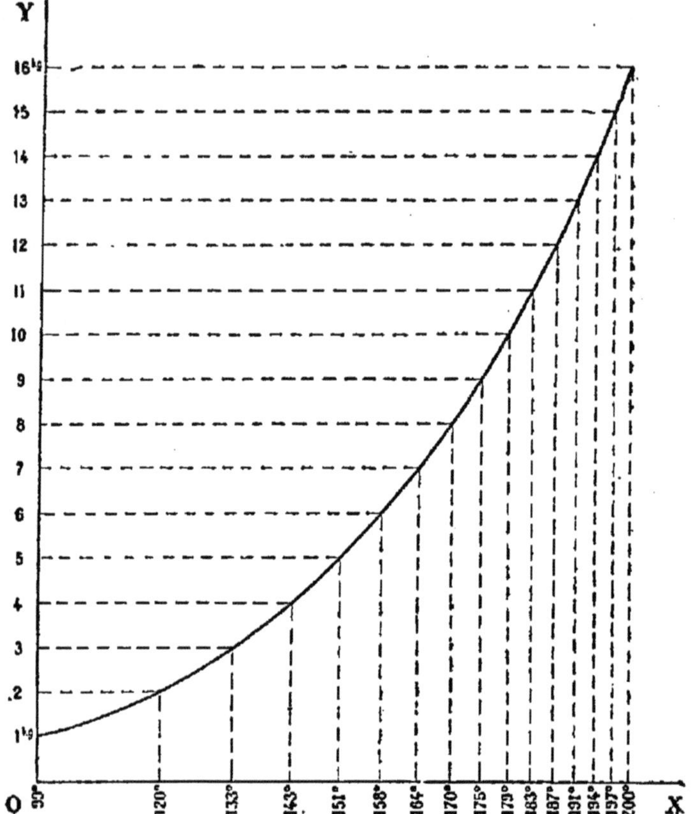

Fig. 123. — Représentation graphique des forces élastiques maxima de la vapeur d'eau dans les limites d'emploi des chaudières.

points ainsi obtenus montre que la force élastique maxima croît beaucoup plus rapidement que la température.

Forces élastiques maxima de la vapeur des différents liquides. — Les liquides émettent presque tous des vapeurs ayant une force élastique maxima plus ou moins grande aux différentes températures. Cependant certains liquides, comme l'acide sulfurique, la glycérine, ne se vaporisent pas à la température ordinaire. Quant au mercure, la force élastique maxima de sa vapeur ne commence guère à devenir sensible qu'au-dessus de 100° (elle est égale à 0^{mm},002 à 0°, à 0^{mm},0037 à 20°); aussi peut-on sans inconvénient la négliger dans les observations barométriques faites à la température ordinaire.

109. Mélange des gaz et des vapeurs. — Lorsqu'un liquide est introduit dans une enceinte renfermant un gaz, il émet également des vapeurs, mais cette vaporisation n'est plus instantanée; elle se produit *lentement.*

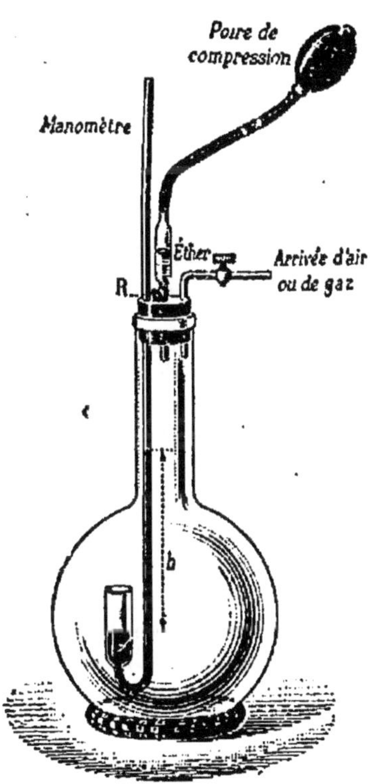

Fig. 124. — Appareil de Dalton.

De cette expérience on déduit la loi suivante: *la force élastique maxima d'une vapeur saturante formée dans un gaz est la même que celle qu'elle posséderait dans le vide à la même température.*

Pour étudier le mélange des gaz et des vapeurs, on se sert d'un grand ballon (*fig.* 124), muni d'un manomètre à air libre, d'un tube permettant l'arrivée de l'air ou d'un gaz et enfin d'un petit entonnoir à robinet.

Lorsque le ballon est plein d'air sec sous la pression atmosphérique, le mercure est au même niveau dans les deux branches du manomètre. On ouvre le robinet R et, à l'aide d'une poire de compression, on fait pénétrer dans le ballon quelques gouttes d'éther. Le mercure monte lentement dans la grande branche du manomètre et finit par devenir stationnaire. On introduit de nouveau de l'éther jusqu'à ce qu'il en reste un excès liquide au fond du ballon ; quand l'équilibre du mercure est établi, on mesure la distance h des niveaux du mercure. Or si l'on introduit de l'éther en excès dans un baromètre à la même température, on trouve précisément que la dépression du mercure est h ; donc la vapeur d'éther acquiert dans l'air la même force élastique que dans le vide à la même température.

RÉSUMÉ DU CHAPITRE XIV

On dit qu'un liquide se vaporise quand il se transforme en un gaz qu'on appelle alors *vapeur*. La vaporisation peut avoir lieu à toute température.

Dans le vide, la vaporisation est instantanée. Si l'on fait l'expérience dans une chambre barométrique, on voit le mercure se déprimer brusquement à chaque introduction de liquide ; à un moment donné, le mercure se recouvre d'une couche de liquide et son niveau ne varie plus : la vapeur est alors saturante et possède sa force élastique maxima.

La force élastique maxima d'une vapeur saturante varie avec la nature du liquide générateur. Pour un même liquide, elle augmente avec la température. Regnault a mesuré les forces élastiques maxima dans les limites d'emploi des chaudières (jusqu'à 230°) ; il s'est appuyé sur ce que la force élastique de la vapeur d'un liquide en ébullition est égale à la pression qui s'exerce sur la surface libre du liquide. La force élastique maxima de la vapeur d'eau croît très vite avec la température.

EXERCICES SUR LE CHAPITRE XIV

32. On fait l'expérience de Torricelli en employant de l'éther au lieu de mercure. Calculer la hauteur à laquelle l'éther s'élève dans le tube lorsque le baromètre à mercure marque $75^{cm},5$. Masse spécifique de l'éther, $0^g,72$; du mercure, $13^g,6$. Force élastique maxima de la vapeur d'éther à la température de l'expérience, $36^{cm},5$.

33. Dans un récipient de 20^l on introduit 10^g d'eau à 0°. Quelle est la force élastique de la vapeur formée ? La densité de la vapeur d'eau est $\frac{5}{8}$.

CHAPITRE XV

ÉVAPORATION ET ÉBULLITION

110. Phénomène de l'évaporation. — *On donne le nom d'évaporation à la formation lente de vapeurs à la surface libre d'un liquide sans la production de bulles dans son intérieur.* C'est par évaporation que de l'eau contenue dans une assiette disparaît au bout de quelque temps, que le linge sèche lorsqu'il est exposé à l'air.

111. Causes qui influent sur l'évaporation. — Pour un même liquide, plusieurs causes influent sur l'évaporation ; elle est d'autant plus active :

1° *que la surface d'évaporation est plus grande.* C'est pour cela que l'on choisit des vases larges et peu profonds pour faire évaporer des liquides à l'air libre. On applique aussi ce principe dans les marais salants, où l'eau de mer s'étale sur une grande étendue. On augmente la surface d'évaporation par la division de l'eau tombant d'étage en étage sur les bâtiments dits *de graduation* ; l'évaporation réalisée ainsi refroidit l'eau, de là l'emploi de ces bâtiments pour refroidir l'eau chaude ;

2° *que la température de l'air ambiant est plus élevée.* Plus l'air est chaud, plus il peut se charger de vapeur avant de se saturer, une élévation de température entraînant une augmentation de la force élastique de la vapeur ;

3° *que l'air est plus agité.* L'agitation de l'air renouvelle plus rapidement les couches chargées de vapeurs qui sont en contact avec le liquide. Chacun sait que le linge mouillé sèche plus vite quand il fait du vent ;

4° *que l'atmosphère ambiante contient moins de vapeurs du même liquide.* L'évaporation doit en effet être très faible dans une atmosphère près d'être saturée, et rapide dans une atmosphère sèche.

112. Froid produit par l'évaporation. — La formation d'une vapeur exige de la chaleur aussi bien que le passage de l'état solide à l'état liquide. Par suite, si un liquide s'évapore sans l'intervention d'une source de chaleur, ce qui est le cas ordinaire, il ne peut emprunter qu'à lui-même et aux corps voisins la chaleur nécessaire pour produire le changement d'état; il en résulte un abaissement de température.

De nombreux exemples mettent en évidence le froid produit par l'évaporation. On peut citer la sensation de froid qu'on éprouve en sortant d'un bain froid, bien que la température extérieure soit plus élevée que celle de l'eau ; la sensation encore plus forte qu'on éprouve quand on verse sur la main quelques gouttes d'un liquide volatil, comme l'éther, le sulfure de carbone. Si l'on verse quelques gouttes d'éther sur le ballon qui sert à démontrer la dilatation des gaz (*fig.* 97), on remarque que le liquide coloré descend rapidement dans le tube vertical.

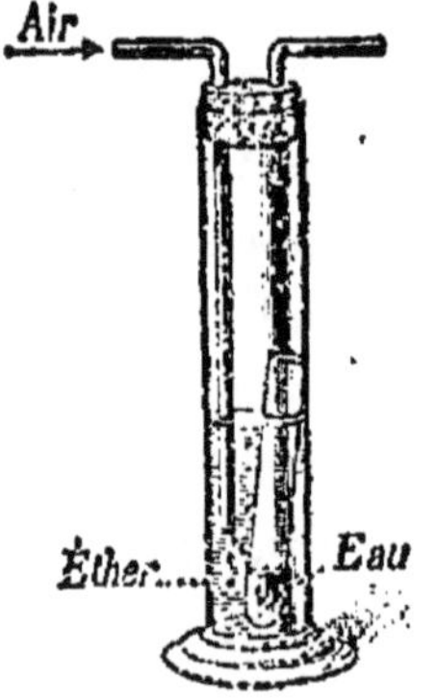

Fig. 125. — Expérience montrant le froid produit par évaporation.

On met aussi en évidence le froid produit par l'évaporation en insufflant de l'air à travers de l'éther pour activer sa vaporisation; de l'eau contenue dans un tube qui est baigné par l'éther (*fig.* 125) se congèle rapidement.

Applications. — Dans les pays chauds, on refroidit l'eau à l'aide de vases en terre poreuse (*alcarazas*) ; l'eau contenue dans ces vases filtre lentement à travers leurs parois, s'évapore à la surface et produit un abaissement de température.

Les *congélateurs de Carré* produisent la congélation de l'eau par l'évaporation dans le vide sec. Leur organe principal est une pompe pneumatique à un seul corps de pompe (58) qui fait le vide dans une carafe contenant de l'eau (*fig.* 126). Un gros réservoir intermédiaire contient de l'acide sulfurique destiné à absorber la vapeur d'eau au fur et à mesure de sa formation. Ces appareils servent à produire de l'eau froide, de la glace brute, des carafes frappées, etc. La plupart des congélateurs Carré portent (comme le modèle représenté ici) un second tuyau d'aspiration aboutissant à une plate-forme qui peut recevoir une cloche ; cela permet de s'en servir comme machines pneumatiques.

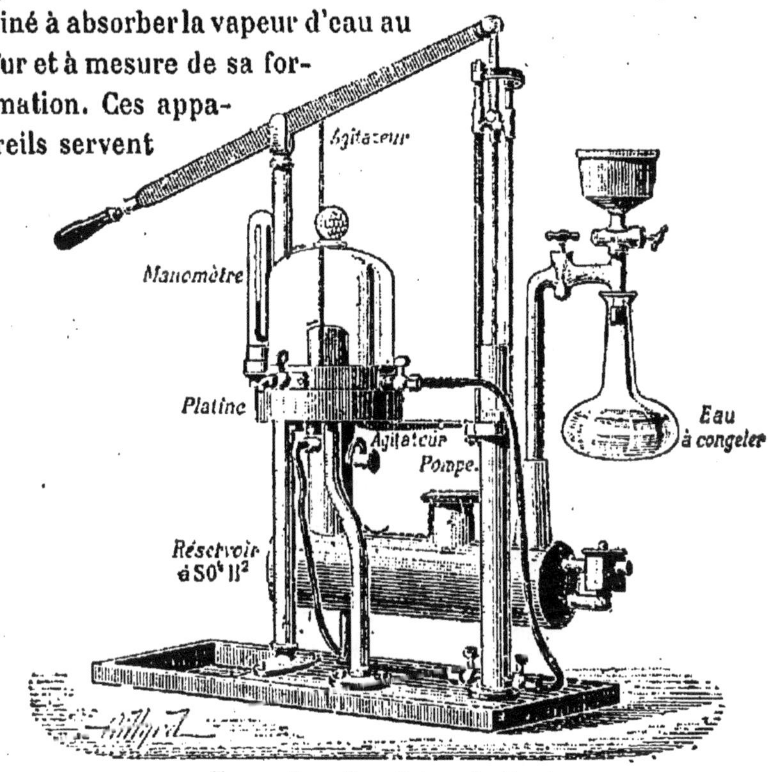

Fig. 126. — Congélateur de Carré.

Pour fabriquer de la glace en grand, on utilise le froid produit par l'évaporation de certains gaz liquéfiés, comme le gaz ammoniac, l'anhydride sulfureux, le gaz carbonique.

Dans les laboratoires, on obtient aussi de *basses températures* par l'évaporation de gaz liquéfiés. Il suffit par exemple d'évaporer rapidement de l'anhydride sulfureux liquide autour d'un tube à essais contenant du mercure pour solidifier ce métal (V. *Chimie*). L'évaporation du chlorure de méthyle liquéfié produit un froid de — 55° sous la pression ordinaire. Enfin on obtient des températures encore plus basses avec les gaz difficiles à liquéfier, comme l'oxygène, l'air, etc. ; c'est ainsi que l'air liquide abaisse la température à — 192° environ en s'évaporant. C'est grâce aux basses températures ainsi obtenues que l'on est parvenu à liquéfier et à solidifier tous les gaz.

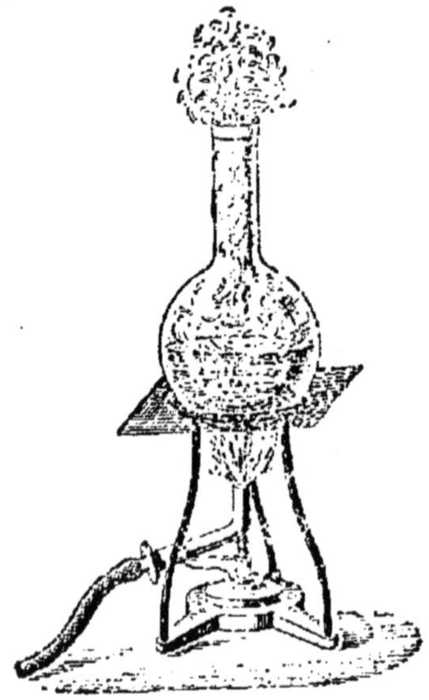

Fig. 127. — Ébullition de l'eau.

ÉBULLITION

113. Phénomène de l'ébullition. — L'ébullition est une vaporisation qui, au lieu d'être lente et presque invisible, est violente et s'accompagne de la production *rapide* de bulles de vapeur dans la masse même du liquide.

Mettons de l'eau dans un ballon de verre et chauffons le ballon (*fig.* 127) ; nous verrons d'abord se dégager de toute la masse de petites bulles très fines, constituées par l'air qui était dissous dans l'eau. Un peu plus tard, des bulles de vapeur se forment au contact de la paroi chauffée ; mais elles n'arrivent pas à la surface, car elles rencontrent en s'élevant des couches liquides plus froides qu'elles et se condensent. Cette formation et cette condensation successives des premières bulles de vapeur produisent un bruissement particulier qui caractérise la première phase de l'ébullition : on dit que l'eau *chante*. Bientôt, la température continuant à s'élever, les bulles deviennent plus grosses, elles s'élèvent en imprimant à tout le liquide un bouillonnement continu et viennent finalement crever à la surface. On dit alors que l'eau *bout*. Si l'on continue de chauffer, l'ébullition persiste tant qu'il reste de l'eau dans le ballon.

114. Lois de l'ébullition. — **1re Loi :** *Pour obtenir l'ébullition d'un liquide, il faut le porter à une température telle que la force élastique maxima de la vapeur soit égale à la pression qui s'exerce à la surface du liquide* (108).

La température à laquelle un liquide bout sous la pression de 76cm s'appelle le *point d'ébullition normal* de ce liquide. Voici, comme exemples, quelques points d'ébullition normaux : éther ordinaire, 35° ; alcool ordinaire, 79° ; mercure, 357° ; soufre fondu, 448°.

2e Loi : *Si la pression ne varie pas, la température d'un liquide en ébullition et de sa vapeur reste elle-même constante.*

C'est sur cette loi qu'est fondée, comme nous l'avons vu, la détermination du point 100 du thermomètre.

115. Chaleur de vaporisation. — La chaleur cédée par le foyer pendant toute la durée de l'ébullition est employée à produire le travail nécessaire pour obtenir le changement d'état sans élévation de température. On appelle chaleur de vaporisation d'un liquide, à une température déterminée, *le nombre de calories qu'il faut céder à 1g de ce liquide pour le transformer en vapeur saturante à la même température*. Ainsi, pour transformer 1g d'eau, déjà chauffé à 100°, en vapeur également à 100°, il faut 537cal. La chaleur de vaporisation de l'eau à 100° est donc 537cal.

Inversement, une vapeur, en se liquéfiant sans changer de

température, abandonne un nombre de calories égal à celui qu'elle avait absorbé pour se former à la même température.

En déterminant les chaleurs de vaporisation des divers liquides, on a trouvé que l'eau est le liquide qui possède la plus grande chaleur de vaporisation.

116. Influence de l'air et des gaz sur l'ébullition. — Quand un liquide a été purgé d'air ou de gaz, il ne bout que très difficilement et à une température supérieure à la température dite *normale*.

Si l'on fait bouillir une seconde fois de l'eau qui a déjà bouilli longtemps dans un même vase, l'ébullition n'a plus lieu que par soubresauts. Cela tient à ce que la première ébullition a chassé les gaz en dissolution dans l'eau et les gaz qui adhéraient aux parois. — Voici une autre expérience. On fait bouillir de l'eau quelque temps et on cesse de chauffer ; l'ébullition s'arrête, mais elle reprend aussitôt avec violence si l'on projette dans cette eau de la limaille de fer, la limaille entraînant de l'air au sein du liquide.

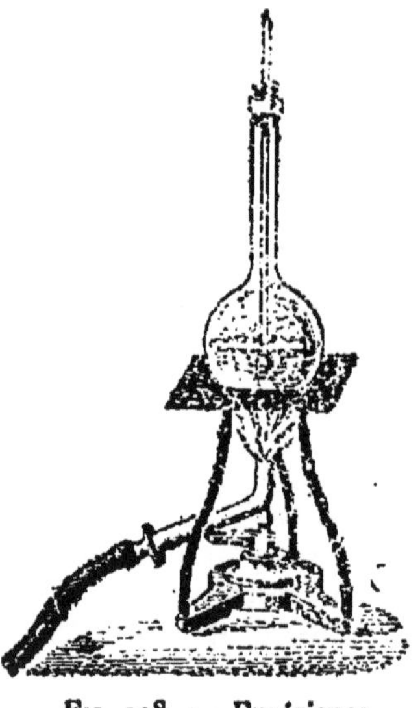

Fig. 128. — Expérience de Gernez.

M. Gernez a montré que, dans un liquide en ébullition, la vapeur se forme toujours à la surface de petites bulles d'air préexistant en certains points des parois du vase qui renferme le liquide. Chaque bulle se sature de vapeur d'eau, augmente de volume à mesure que la température s'élève et donne naissance à une série de bulles de vapeur qui se dégagent en n'entraînant avec elles qu'une portion insignifiante de l'air. Pour faire l'expérience, on introduit au milieu d'une masse d'eau une petite cloche contenant de l'air (*fig.* 128), et on chauffe progressivement ; à un moment donné, des bulles de vapeur s'échappent de la cloche. Ce dégagement peut persister presque indéfiniment si la température est maintenue constante.

117. Influence de la pression extérieure. — La température d'ébullition d'un liquide dépend essentiellement de la pression supportée par sa surface libre ; elle s'élève quand la pression augmente et s'abaisse quand la pression diminue. En particulier, l'eau pure ne bout exactement à 100° en vase ouvert que si la pression atmosphérique est de 76^{cm}.

Pressions inférieures à 76^{cm}. — Sous des pressions inférieures à 76^{cm}, l'eau bout à une température inférieure à 100°. Il en est ainsi dans les hautes régions, la pression exercée par l'atmosphère diminuant à mesure qu'on s'élève. Sur le sommet du Mont-Blanc, par exemple, l'eau bout à 84°,5.

Dans les laboratoires, on met facilement en évidence cet abaissement du point d'ébullition sous des pressions réduites. On se sert d'un ballon contenant de l'eau tiède et relié à une trompe par un tube de verre recourbé et par un tube

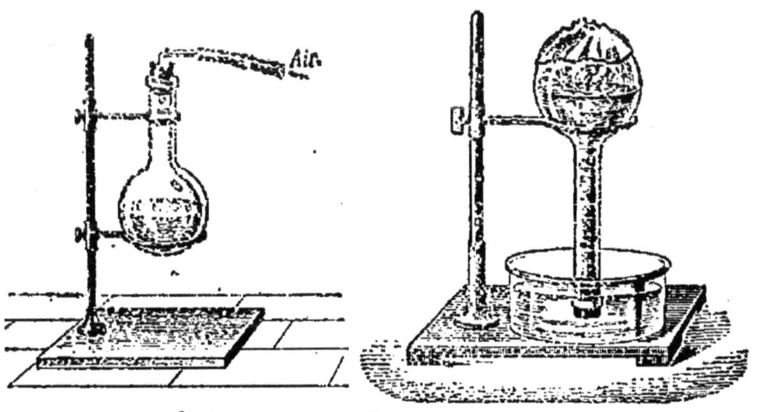

Fig. 129. — Ébullition sous pression réduite.

Fig. 130. — Expérience de Franklin.

de caoutchouc (*fig.* 129) : l'ébullition se produit dès que l'air est suffisamment raréfié. L'expérience suivante, due à Franklin, permet de se passer de trompe. On fait bouillir de l'eau dans un ballon à long col afin de chasser l'air du ballon, puis on le bouche hermétiquement et on le retourne en faisant plonger le col dans un vase plein d'eau (*fig.* 130). L'eau a alors cessé de bouillir ; mais si l'on applique sur le ballon un linge imbibé d'eau froide, une vive ébullition se manifeste aussitôt. Cela tient à ce que le refroidissement a produit une condensation de la vapeur d'eau et par suite une diminution de force élastique intérieure.

Dans l'industrie, on évapore sous pression réduite les liquides comme les jus sucrés de betterave, les bouillons de gélatine, les sirops pour confiserie, les jus de viande pour conserves alimentaires, qui pourraient s'altérer si on n'abaissait pas leur point d'ébullition normal.

Pressions supérieures à 76^{cm}. — On étudie l'action de la chaleur sur l'eau sous des pressions supérieures à 76^{cm} avec la *marmite de Papin*. C'est une chaudière à parois épaisses, dont le couvercle, maintenu fortement par une vis de pression (*fig.* 131), porte un orifice fermé par une soupape de sûreté. On place la chaudière sur un foyer; la vapeur qui se dégage, ajoutant sans cesse sa force élastique maxima à la force élastique de l'air contenu dans la chaudière, la pression exercée par l'atmo-

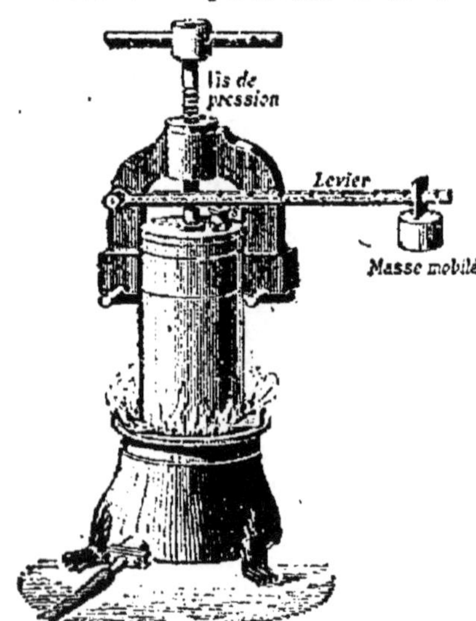

Fig. 131. — Marmite de Papin.

sphère confinée au-dessus de l'eau va constamment en augmentant, de sorte que la température d'ébullition s'élève à mesure qu'on chauffe sans être jamais atteinte. Mais si l'on soulève le levier qui charge la soupape de sûreté, c'est la pression atmosphérique qui agit alors sur l'eau ; celle-ci entre aussitôt en ébullition, un jet puissant de vapeur s'échappe par l'orifice et la température s'abaisse rapidement aux environs de 100°.

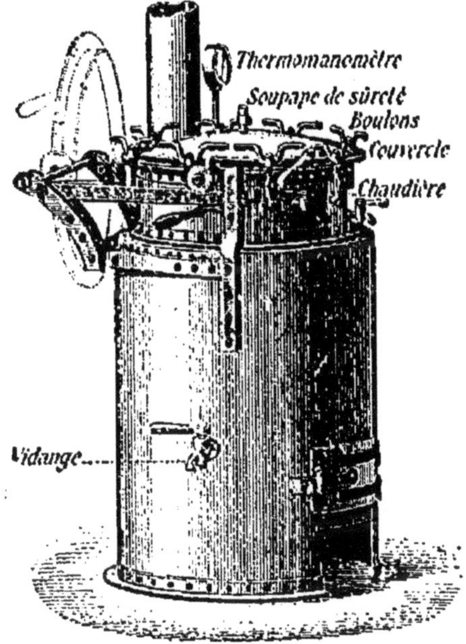

Fig. 132. — Autoclave à conserves.

La possibilité de porter des liquides en vase clos à des températures supérieures à leur point d'ébullition normal est utilisée dans les *autoclaves*. Ce sont des récipients résistants qui servent pour la stérilisation des boîtes de conserves alimentaires, pour l'injection des traverses de chemins de fer, pour la saponification des corps gras, etc.

La figure 132 représente un autoclave à conserves. Les boîtes ou flacons contenant la matière à conserver sont placés dans un panier en fer qu'on introduit dans l'autoclave. Celui-ci est suffisamment rempli d'eau pour que toutes les boîtes soient immergées. Le couvercle étant mis en place, on porte l'eau à l'ébullition et, la soupape étant réglée à une pression pouvant varier de 1kg à 1kg 1/2, les boîtes sont soumises à un chauffage au bain-marie dont la température, pour une pression de 1kg 1/2 par exemple, serait de 127°.

118. Influence des sels dissous. — A l'inverse des gaz, les sels dissous retardent l'ébullition. Si les dissolutions sont saturées, leur ébullition a lieu à une température constante pour un même sel : une dissolution saturée de sel marin bout à 108°,4 ; une dissolution saturée de chlorure de calcium, à 179°,5. Dans tous les cas et quel que soit le point d'ébullition, la vapeur dégagée reprend instantanément la température de 100° (pourvu que la pression extérieure soit égale à 76cm). L'influence des sels dissous est utilisée pour porter et maintenir à des températures déterminées des substances chauffées au bain-marie par des liquides salins, de composition telle que la température voulue soit atteinte.

119. Distillation. — Quand on veut séparer d'un liquide les matières solides ou volatiles qu'il peut contenir, on le *distille*. Pour cela, on le porte à l'ébullition et on fait passer ses vapeurs dans un tube entouré d'eau froide : la force élastique maxima de la vapeur devenant, par le refroidissement, inférieure à la pression qu'elle supporte, le corps ne peut plus exister qu'à l'état liquide. Nous donnerons comme exemple la distillation de l'eau dans les laboratoires.

L'eau est chauffée dans un alambic en cuivre (*fig.* 133) ; constitué par une chaudière appelée *cucurbite* dont le couvercle est un dôme appelé *chapiteau*. Le chapiteau est relié au *serpentin,* tube contourné contenu dans un cylindre plein d'eau froide. La vapeur d'eau provenant de l'alambic se condense dans ce serpentin et l'eau distillée est recueillie dans un vase extérieur. Comme l'eau du cylindre s'échauffe par le fait de la condensation de la vapeur, on la renouvelle constamment en faisant couler de l'eau froide dans un tube qui descend jusqu'au fond du cylindre ; l'eau la plus

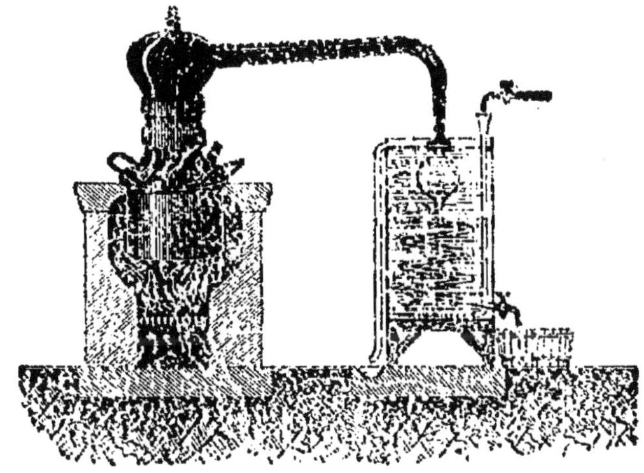

FIG. 133. — Appareil pour distiller l'eau dans les laboratoires.

chaude étant la moins dense, remonte et s'écoule à la partie supérieure.

RÉSUMÉ DU CHAPITRE XV

L'*évaporation* est la formation lente des vapeurs à la surface d'un liquide. A l'air libre, elle est continue, la force élastique de la vapeur ne pouvant devenir maxima. Pour un même liquide, l'évaporation est d'autant plus active que la surface d'évaporation est plus grande, que la température de l'air ambiant est plus élevée, que l'air est plus agité et que l'atmosphère ambiante contient moins de vapeur du même liquide.

L'évaporation est accompagnée d'un abaissement de température, car la chaleur exigée pour la formation de la vapeur ne peut être empruntée qu'au liquide qui s'évapore. Le froid produit par l'évaporation est utilisé notamment pour fabriquer de la glace.

L'*ébullition* est la formation brusque de vapeurs dans la masse même d'un liquide. Elle se produit à une température telle que la force élastique maxima de la vapeur soit égale à la pression qui s'exerce à la surface du liquide. Si cette pression ne varie pas, la température reste constante pendant toute la durée de l'ébullition.

Si le liquide a été entièrement privé d'air et de gaz, l'ébullition est difficile et se produit à une température supérieure à la température normale d'ébullition.

La température d'ébullition d'un liquide dépend essentiellement de la pression que supporte sa surface libre ; elle s'abaisse quand la pression diminue (expérience du bouillant de Franklin) et s'élève quand la pression augmente (marmite de Papin). Enfin les sels dissous retardent l'ébullition.

La *distillation* a pour but de séparer d'un liquide les matières solides ou volatiles qu'il peut contenir. On fait bouillir le liquide et on condense ses vapeurs dans un serpentin entouré d'eau froide constamment renouvelée (distillation de l'eau).

CHAPITRE XVI

PRINCIPE DES MACHINES A VAPEUR

---

120. Définition. — *On donne le nom de machines à vapeur aux machines qui transforment de la chaleur en travail par l'intermédiaire de la vapeur d'eau.*

Les machines à vapeur comprennent essentiellement une chaudière (*générateur*) qui produit la vapeur, et un *moteur à vapeur* dans lequel la force élastique de cette vapeur est utilisée pour produire un mouvement qui est ensuite transmis à divers organes.

121. Chaudières à vapeur. — Le type le plus répandu est la chaudière dite à *bouilleurs.*

Cette chaudière se compose d'un cylindre A (*fig.* 134), communiquant avec deux bouilleurs également cylindriques B, B′ par deux tubulures D, D′. Ce cylindre porte un *dôme* E auquel sont fixés les robinets de prise de vapeur; il est muni de *soupapes de sûreté* G, d'un *manomètre*, de *tubes indicateurs de niveau*, et enfin d'un *robinet d'alimentation* H, disposé sur un tube plongeur qui amène l'eau d'alimentation au fond des bouilleurs par deux branches J et J'. La figure montre la circulation des gaz autour du générateur.

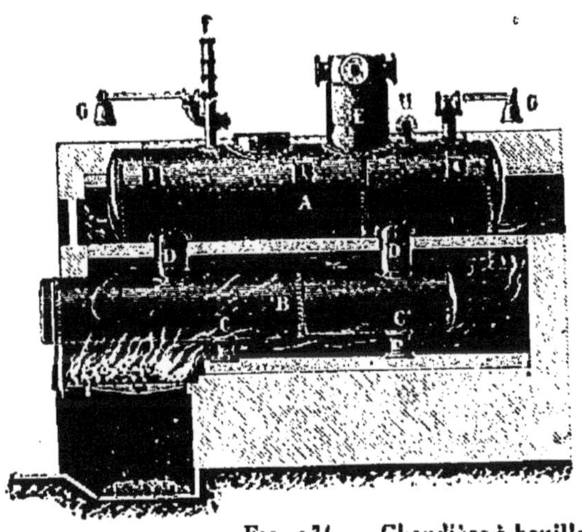

Fig. 134. — Chaudière à bouilleurs.

Dans les machines qui doivent fournir très vite de la vapeur à haute pression sans tenir beaucoup de place (locomobiles,

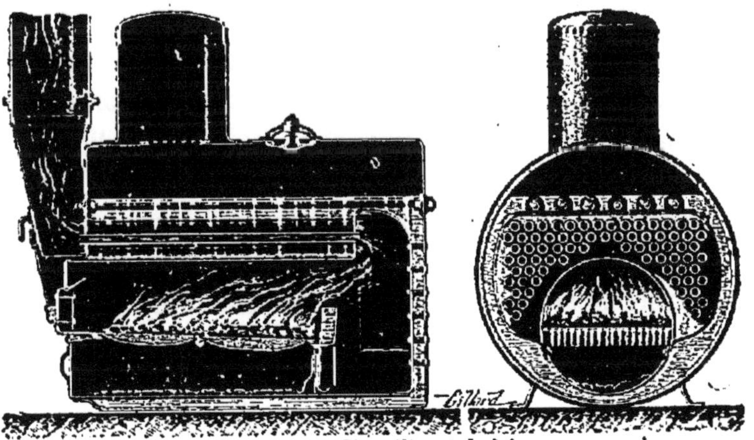

Fig. 135. — Chaudière tubulaire.

locomotives, machines marines), on augmente considérablement la surface de chauffe en employant des générateurs *tubulaires*. L'eau à transformer en vapeur est contenue dans un gros cylindre traversé dans toute sa longueur par des tubes horizontaux (*fig.* 135) ouverts aux deux bouts. Les gaz chauds provenant du foyer passent d'arrière en avant dans les tubes avant de s'échapper par la cheminée.

Essai des chaudières. — En France comme dans la plupart des autres pays aucune chaudière ne peut être mise en service sans que l'État l'ait éprouvée au point de vue de sa résistance à la pression.

L'essai n'est pas fait avec de la vapeur, à cause des conséquences terribles que pourrait alors avoir une explosion. On a tenté autrefois d'obtenir la pression voulue par la dilatation de l'eau : on emplissait la chaudière d'eau tiède et on chauffait jusqu'à obtenir la pression voulue. Les avantages de ce système n'en compensaient pas les inconvénients.

Depuis longtemps l'essai se fait avec de l'eau qu'on soumet à des pressions croissantes au moyen d'une pompe. Cette épreuve hydraulique est une imitation souvent incomplète, mais au moins partiellement exacte, des efforts auxquels les pièces de la chaudière devront résister sous l'action de la vapeur. L'expérience est à peu près sans danger, au moins quand il ne s'agit pas de très fortes pressions. On se sert d'une pompe foulante à tout petit piston plongeur (comme celle de la presse hydraulique), de manière à pouvoir produire de grands effets avec un effort moyen. L'ensemble de la pompe et de la chaudière donne un système analogue à celui de la presse hydraulique et auquel s'applique aussi bien le principe de Pascal (66). On soumet la chaudière à une pression supérieure à la pression maxima qu'elle est appelée à supporter, et si elle résiste, on en conclut qu'en service elle résistera à plus forte raison.

En France c'est le service des Mines qui est chargé de la vérification des appareils à vapeur. Quand l'essai a été satisfaisant, il appose sur les chaudières un timbre revêtu de son poinçon et qui indique la pression effective maxima permise.

Echelle : 1/1.

Fig. 136. — Timbre de chaudière à vapeur.

Le timbre est une médaille en bronze; notre modèle (*fig.* 136) se rapporte à une chaudière timbrée le 24 du 3e mois de l'année 1900 et dans laquelle la pression *effective* de la vapeur ne devra jamais dépasser 6kg par centimètre carré.

Pour les appareils neufs et pour ceux ayant subi des changements notables ou de grandes réparations, la surcharge d'épreuve, c'est-à-dire le supplément de pression qu'on fait supporter à la machine au moment de l'essai, est égale en kilogrammes par centimètre carré[1]:

A la pression effective (avec minimum de un demi) si le timbre n'excède pas 6;

A 6, si le timbre est supérieur à 6 sans excéder 20;

A 7, si le timbre est supérieur à 20 sans excéder 30;

A 8, si le timbre est supérieur à 30 sans excéder 40;

Au cinquième de la pression effective si le timbre excède 40.

Ainsi, une chaudière devant marcher normalement à une pression de 400 grammes par centimètre carré sera essayée à $400 + 500 = 900$ grammes; de même, une chaudière devant marcher à 22 kilogrammes sera essayée à $22 + 7 = 29$ kilogrammes, et ainsi de suite.

Pour faire l'essai, on démonte les soupapes, ou tout au moins on les cale très fortement, ainsi que les sifflets. Chaque chaudière est munie d'un ajutage disposé pour recevoir le manomètre-étalon du représentant de l'État. C'est un manomètre de Bourdon dans lequel l'eau agit comme le ferait de la vapeur. On cesse de pomper quand ce manomètre indique que la pression voulue est atteinte.

Aucune chaudière ne doit rester plus de dix ans sans avoir été éprouvée à nouveau. De plus, chaque propriétaire de chaudière à vapeur doit, au moins une fois par an, faire procéder à un examen de celle-ci par une personne compétente.

---

(1) Décret du 9 octobre 1907.

Indicateurs d'eau. — Le chauffeur doit être renseigné à chaque instant sur le niveau de l'eau dans la chaudière ; quand il voit que ce niveau baisse sensiblement, il doit alimenter.

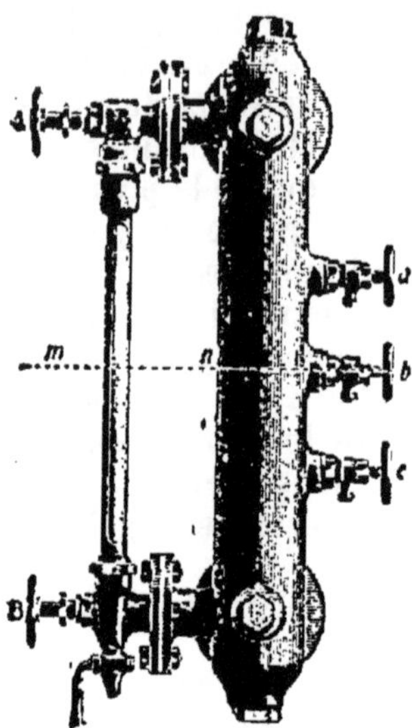

Fig. 137. — Niveau d'eau à bouteille.

Le *niveau d'eau* le renseigne ; ce petit appareil repose sur le principe des vases communicants. Il comprend un tube de verre (*fig.* 137) communiquant en haut avec la partie supérieure de la chaudière, en bas avec la partie inférieure. Entre le tube et la chaudière on interpose ordinairement un large tube métallique appelé bouteille, dont le rôle est de refroidir un peu l'eau et d'éviter ainsi les ruptures trop fréquentes des tubes de verre. L'appareil est placé à une hauteur telle que le niveau moyen de la chaudière passe par la ligne *mn*.

Soupapes de sûreté. — Ce sont des appareils automatiques que la vapeur soulève dès que la pression dépasse une valeur déterminée. La vapeur s'échappe alors avec un bruissement qui avertit le chauffeur.

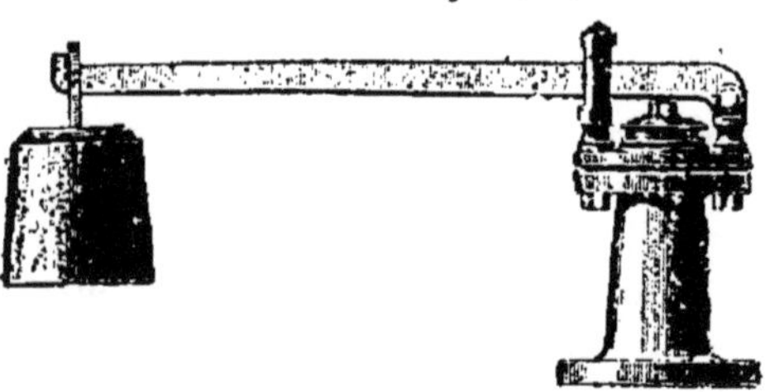
Fig. 138. — Soupape ordinaire.

Les soupapes ordinaires comprennent une tubulure rivée sur la chaudière (*fig.* 138) et portant un disque formant un siège rodé. Ce disque est équilibré par un levier à contrepoids.

Appareils d'alimentation. — L'alimentation d'un générateur consiste à y introduire une quantité d'eau égale à celle qui en est sortie sous forme de vapeur. Elle se fait au moyen d'appareils qui diffèrent suivant qu'on alimente à l'eau froide, à l'eau chaude, etc. Dans les machines mobiles, on emploie ordinairement l'*injecteur Giffard*, dans lequel l'eau est entraînée dans la chaudière par un courant de vapeur passant dans un tube effilé.

MOTEURS A VAPEUR

122. Principaux organes d'un moteur à vapeur. — Un moteur à vapeur comprend essentiellement :

1° Un *cylindre*, dans lequel un piston peut prendre un mouvement de va-et-vient sous l'action de la vapeur ;

2° Un *appareil de distribution*, introduisant successivement la vapeur au-dessus et au-dessous du piston, et évacuant cette vapeur après qu'elle a agi ;

3° Un *système mécanique*, transformant le mouvement rectiligne alternatif du piston en un mouvement circulaire continu actionnant en même temps l'appareil de distribution ;

4° Enfin des *organes de régulation*, servant à maintenir la vitesse de la machine dans des limites déterminées.

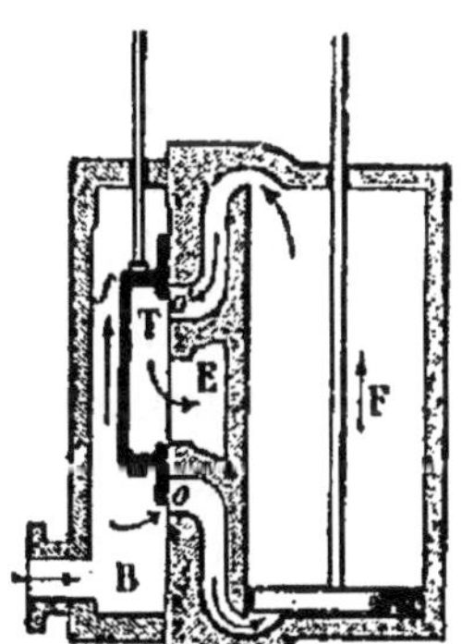

Fig. 139. — Disposition schématique du cylindre et du tiroir (période d'admission).

123. Distribution de la vapeur. — Cette distribution se fait par une pièce T appelée *tiroir* (*fig.* 139), animée d'un mouvement rectiligne alternatif par une tige qui reçoit son mouvement d'un *excentrique* (124) calé sur l'arbre moteur. Ce tiroir est creusé d'une cavité et porte deux bandes *a*, *a'* (*fig.* 140) qui s'appliquent exactement sur une paroi latérale du cylindre ; il est entouré complètement par un récipient B (*fig.* 139), appelé *boîte à vapeur,* qui reçoit la vapeur de la chaudière. Enfin les deux faces du piston communiquent par les canaux *o* et *o'*, tantôt avec la boîte à vapeur, tantôt avec l'intérieur du tiroir T et le conduit E chargé d'évacuer la vapeur ayant agi sur le piston.

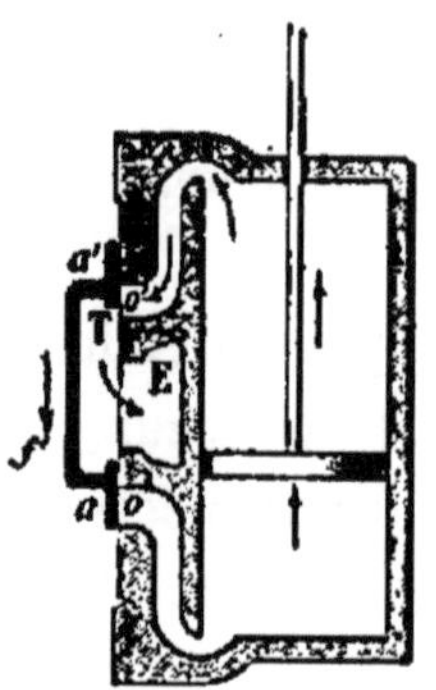

Fig. 140. — Période de détente.

Cela posé, supposons la boîte à vapeur en communication avec la chaudière, et le tiroir avec le système mécanique en mouvement. Ce système entraîne le tiroir dans le sens de la flèche *f* par exemple (*fig.* 139), et le canal *o* se découvre peu à peu ; la vapeur contenue dans la boîte passe alors sous le piston et le pousse dans le sens F ; mais la disposition du tiroir est telle que bien avant que le piston soit arrivé au bout de sa course, le tiroir revient en arrière dans le sens *f'* (*fig.* 140) et la bande *a* va recouvrir le canal *o*. Il y a donc à ce moment sous le piston de la vapeur isolée sous la pression qui règne dans la chaudière : cette vapeur continue de pousser le piston, mais en se *détendant*, et à mesure que son volume augmente, sa force élastique diminue, conformément à la loi de Mariotte (54). Pendant que la vapeur qui a eu accès sous le piston par le canal *o* le fait monter, la vapeur qui avait agi précédemment pour le faire descendre s'échappe par le canal *o'* et le conduit E.

La vapeur qui a agi sur le piston se rend soit dans l'atmosphère, soit dans un *condenseur*. Le condenseur est un récipient clos dans lequel on fait le vide ; la vapeur d'eau s'y condense et l'eau chaude provenant de cette condensation est épuisée par une pompe, qui l'envoie dans la chaudière.

124. Système mécanique. — La tige du piston P est fixée à une *crosse* C (*fig.* 141), se mouvant entre deux guides parallèles appelés *glissières,* dont la longueur est

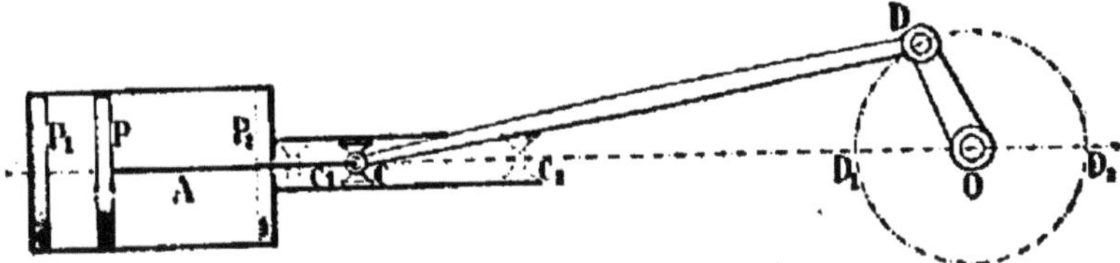

Fig. 141. — Disposition schématique du mécanisme de transformation.

égale à la course du piston. La crosse C porte une bielle CD articulée en D à la *manivelle* OD ; cette manivelle est calée en O sur l'*arbre moteur*. Le mouvement du piston est transmis par la crosse C à la bielle CD, qui fait tourner la manivelle OD ; celle-ci entraîne avec elle l'arbre moteur, qui tourne d'un mouvement continu.

Il faut remarquer que, lorsque la manivelle aboutit soit en D_1, soit en D_2, rien ne tend à la faire tourner ; les deux points D_1 et D_2 sont dits *points morts*. Cette difficulté a été vaincue en calant sur l'arbre moteur une roue pesante (*volant*) qui tourne avec lui et qui, par suite, ne saurait s'arrêter court aux points morts. Cette masse souvent très considérable, en restituant à la machine le travail qu'elle a accumulé, force la manivelle à franchir les points morts.

Excentrique. — Grâce au système que nous venons de décrire, le mouvement rectiligne de va-et-vient de la tige du piston a été transformé en un mouvement de rotation de l'arbre moteur. Inversement, on peut transformer un mouvement circulaire continu en un mouvement rectiligne alternatif. L'arbre-manivelle (pièce G de la figure 144) permet de faire cette transformation (comme d'ailleurs la transformation inverse, et c'est le cas de la figure). L'*excentrique* permet aussi de faire la même transformation (mais pas la transformation inverse). C'est ainsi que le mouvement de va-et-vient du tiroir est produit par un excentrique fixé sur l'arbre moteur.

L'excentrique (*fig.* 142) se compose d'un disque D calé sur

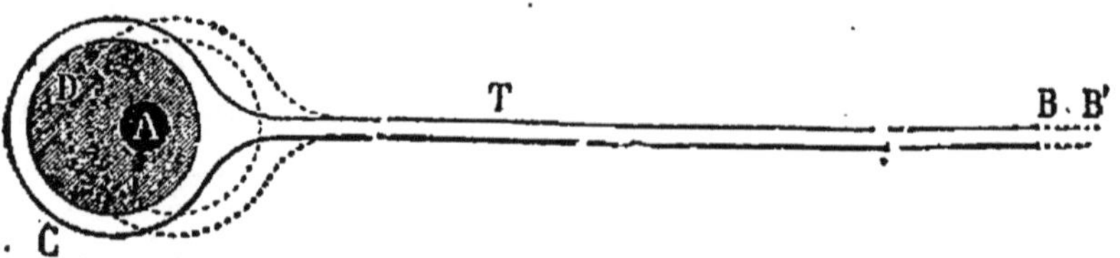

Fig. 142. — Principe de l'excentrique.

l'arbre moteur et faisant corps avec lui, et d'un collier C qui glisse sur ce disque. Le collier est entraîné par le disque mais sans tourner avec lui ; il est fixé à une tige T qui reçoit ainsi un mouvement de va-et-vient. Les positions extrêmes B et B' de la tige correspondent au déplacement du collier dans les positions figurées.

125. Régulateurs. — Les régulateurs ont pour but de remédier aux variations de la vitesse ; le plus employé est le *régulateur à boules de Watt*.

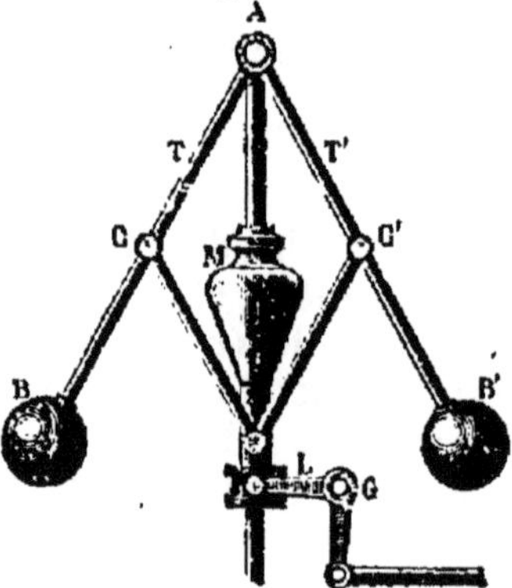

Fig. 143. — Régulateur à boules.

Il se compose d'un arbre AC (*fig.* 143), que la machine fait tourner. Cet arbre porte deux tiges T, T' articulées en A et terminées inférieurement par des boules B, B'. En vertu de la force centrifuge, ces masses B, B' et les tiges qui les soutiennent s'écartent d'autant plus de la verticale que la machine va plus vite ; elles se rapprochent au contraire de l'arbre, sous l'influence de la pesanteur, quand la machine se ralentit. Aux points D, D' s'articulent deux autres tiges dont les extrémités inférieures sont reliées à un manchon M qui entoure l'arbre. Ce manchon se déplace verticalement, s'élevant ou s'abaissant suivant que les boules s'éloignent ou se rapprochent. Dans son mouvement, il entraîne un levier L qui agit sur une valve montée en avant de la boîte à vapeur : l'admission de vapeur est réduite dès que la machine va trop vite ; elle est augmentée au contraire quand la machine va trop lentement.

126. Installation des moteurs à vapeur. — Il existe une multitude de formes et de variétés de moteurs à vapeur. Comme application des principes que nous venons d'exposer, nous décrirons brièvement deux types très répandus.

Machine horizontale sans condensation. — Le cylindre est

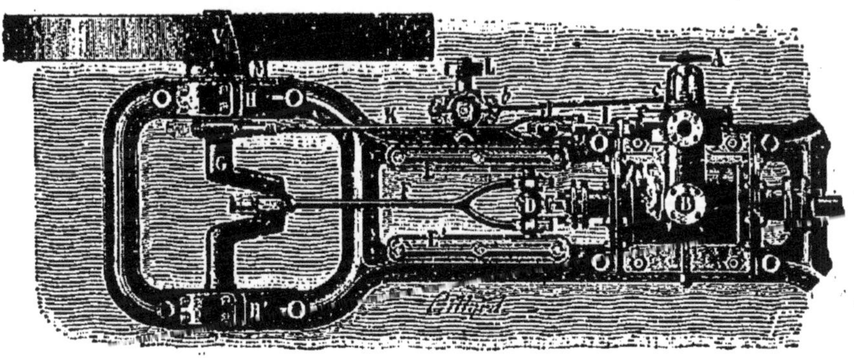

Fig. 144. — Machine horizontale sans condensation.

horizontal (*fig.* 144). La vapeur arrive par le robinet A et s'échappe par la tubulure B. La tige C est reliée à la crosse D, guidée par une paire de glissières E, E'. La bielle à fourche F actionne l'arbre-manivelle G sur lequel sont calés deux volants tels que V. La figure montre la tige I du tiroir avec son guide J, manœuvré par l'excentrique K. Enfin un régulateur à boules, par l'intermédiaire de leviers *abc*, actionne une valve qui ferme plus ou moins l'entrée de la vapeur dans la boîte à vapeur.

Fig. 145. — Machine verticale dite à pilon.

Machine verticale dite à pilon. — Cette machine comporte les mêmes organes que la précédente, mais le cylindre est vertical (*fig.* 145). La crosse de la tige du piston est guidée par une glissière à section circulaire ; la tige de l'excentrique est guidée par une autre glissière G.

Les machines verticales à pilon se répandent de plus en plus à cause du faible emplacement qu'elles occupent ; elles se font à condensation ou sans condensation.

127. Considérations générales sur les moteurs à vapeur. — On divise généralement les moteurs à vapeur en trois catégories en prenant pour base la valeur de la force élastique de la vapeur admise dans le cylindre : 1° machines à *basse pression*, où la force élastique de la vapeur ne dépasse pas 2^{kg} ; 2° machines à *moyenne pression*, où cette force élastique reste comprise entre 2^{kg} et 6^{kg} ; 3° machines à *haute pression*, où la vapeur travaille à une force élastique supérieure à 6^{kg}. Les machines à basse pression ne s'emploient plus guère, tandis que celles à haute pression se répandent beaucoup.

Le *rendement* d'une machine à vapeur est le rapport qui existe entre la quantité de vapeur consommée et la puissance de la machine. Ce rapport varie beaucoup suivant les types et l'état d'entretien des machines ; il atteint à peine 1/10 dans les meilleures machines. On voit ainsi que les machines à vapeur sont de mauvais transformateurs d'énergie. Il n'en est pas de même des moteurs à gaz, c'est-à-dire des moteurs qui sont actionnés par un mélange détonant d'air et d'un gaz ou d'une vapeur combustibles (gaz d'éclairage, vapeur d'alcool ou de pétrole, etc.). Leur rendement peut atteindre 80 % ; aussi sont-ils aujourd'hui très répandus, surtout dans la petite industrie, où l'on n'a généralement à faire que des travaux intermittents. Lorsqu'il s'agit d'un travail qui doit être soutenu pendant longtemps et surtout si l'on a besoin de fortes puissances, les machines à vapeur prennent l'avantage, à cause du prix relativement élevé des gaz et vapeurs combustibles employés dans les moteurs à gaz.

128. Autres machines à vapeur. — Turbines. — Nous avons donné le principe des machines à vapeur formant l'immense majorité de celles qui sont employées ; mais il y en a beaucoup d'autres, car on appelle d'une manière générale machine à vapeur tout appareil employant la force élastique de la vapeur pour lui faire produire du travail.

Il existe des machines où, comme dans celles que nous venons de décrire, la vapeur agit encore par pression, mais qui n'ont pas de piston : ce sont les monte-jus et les pulsomètres.

Parmi les machines à piston, il en est (on les emploie de moins en moins) où le mouvement alternatif du piston engendre directement le mouvement circulaire : le cylindre est alors oscillant, et la tige du piston remplace la bielle CD de la figure 141.

Enfin il existe des machines (fort peu employées) où même le mouvement alternatif du piston est supprimé. Ce piston est remplacé par une cloison rectangulaire tournant autour d'un de ses côtés, côté qui se confond avec l'axe et donne ainsi immédiatement le mouvement rotatif.

Mais il y a aussi des machines où la vapeur n'agit pas par pression, mais bien par sa force vive ; ce sont, notamment, les injecteurs, les éjecteurs et les turbines à vapeur(1).

Dans ces dernières, la vapeur se détend, et l'énergie ainsi créée est utilisée au moyen d'une roue à aubes analogue aux roues des turbines hydrauliques (33). La vapeur arrive sous des pressions très élevées et imprime à la machine des vitesses considérables, pour lesquelles on considère 6 000 tours par minute comme une vitesse pratique et utilisable.

C'est depuis que la commande des machines électriques exige de grandes vitesses que les turbines à vapeur se sont beaucoup répandues. Certains enthousiastes vont jusqu'à prétendre qu'elles sont appelées à remplacer un jour les machines à piston, « au mouvement débonnaire ». Appliquées à des navires, les turbines à vapeur ont permis de réaliser la vitesse inconnue de 37 nœuds à l'heure.

---

(1) On trouvera ces machines et beaucoup d'autres décrites dans les *Compléments de Physique* de M. Basin (un vol. de 700 p. avec 478 fig., 5 fr.), véritable petite physique industrielle moderne mise à la portée des élèves de l'enseignement secondaire qui ont le goût de la physique et de la mécanique et veulent élargir leur horizon en se livrant à des lectures sur ces matières (*Note des éditeurs*).

RÉSUMÉ DU CHAPITRE XVI

Les machines à vapeur transforment de la chaleur en travail par l'intermédiaire de la vapeur d'eau.

Les machines à vapeur comprennent un appareil producteur de vapeur (chaudière) et un moteur qui utilise la force élastique de cette vapeur pour produire un mouvement.

La *chaudière à bouilleurs* se compose d'un cylindre communiquant avec deux bouilleurs par des tubulures ; elle est munie d'un dôme dans lequel se rend la vapeur, d'un manomètre, d'indicateurs de niveau et d'un robinet d'alimentation.

Les *moteurs à vapeur* comprennent un cylindre avec piston, un distributeur de vapeur, un mécanisme de transformation et des organes régulateurs. Le distributeur a pour organe principal un tiroir en fonte qui ferme et ouvre alternativement les lumières du cylindre, admettant ainsi successivement la vapeur au-dessus et au-dessous du piston. La vapeur n'arrive que pendant une partie de la course du piston (période de pleine pression), puis elle se trouve emprisonnée et se détend en suivant sensiblement la loi de Mariotte. L'échappement a lieu soit dans l'atmosphère, soit dans un condenseur où l'on fait le vide et où se condense la vapeur évacuée. La tige du piston est fixée à une crosse guidée par des glissières et portant une bielle articulée au bouton d'une manivelle calée sur l'arbre moteur. Ce mécanisme transforme le mouvement rectiligne alternatif du piston en un mouvement circulaire continu, actionnant aussi le distributeur par un excentrique. Une roue en fonte (volant) et un régulateur à boules régularisent le mouvement.

Les moteurs à vapeur ordinaires se distinguent en machines à basse pression (tension F de la vapeur inférieure à 2^{kg}), machines à moyenne pression (F de 2 à 6^{kg}), machines à haute pression (F supérieure à 6^{kg}).

EXERCICES SUR LE CHAPITRE XVI

34. De quelle masse faut-il charger une soupape circulaire de 2^{cm} de rayon pour l'empêcher de se soulever, sachant que la force élastique de la vapeur atteint dans la chaudière une valeur de 6^{kg} ? Le poids de la soupape est 3^{kg}.

35. La force qui agit sur le piston dans une machine à vapeur a pour valeur $1890^{kg},454$, et la course du piston en une seconde est $0^{m},48$. Quelle est, en chevaux-vapeur, la puissance théorique de la machine ? Quelles sont, pour une journée de 12 heures, les quantités d'eau et de charbon dépensées, sachant que, pour chaque cheval-vapeur, on compte par heure $3^{kg},2$ d'eau et $2^{kg},5$ de charbon ?

CHAPITRE XVII

TRANSMISSION DE LA CHALEUR. — PROTECTION CONTRE LE CHAUD ET LE FROID

TRANSMISSION PAR CONDUCTIBILITÉ

129. Conductibilité des solides. — Disons d'abord que la conductibilité est la propriété que possèdent la plupart des corps de transmettre la chaleur *lentement* et de proche en proche à l'intérieur de leur masse.

Si l'on tient à la main l'extrémité d'une tige de fer et qu'on place l'autre extrémité dans un foyer, on éprouve au bout de quelque temps une sensation de chaleur au contact de la portion de tige que l'on tient, et cette sensation devient de plus en plus forte. De même, si l'on met de la paraffine à l'extrémité d'une lame de cuivre, et qu'on chauffe l'autre extrémité à l'aide d'un brûleur, on constate que la paraffine fond rapidement. On déduit de ces expériences que le fer et le cuivre sont *bons conducteurs* de la chaleur. Un morceau de charbon de bois que l'on chauffe à une extrémité avec un brûleur, ne donne à la main aucune sensation de chaleur; le charbon de bois est donc *mauvais conducteur* de la chaleur.

En général, de tous les solides, ce sont les métaux qui conduisent le mieux la chaleur, mais cette conductibilité varie beaucoup d'un métal à l'autre. En représentant par

100 la conductibilité de l'argent pour la chaleur, celle du cuivre est exprimée par le nombre 73,5 et celle du fer par 11,9; aussi le cuivre est-il employé de préférence au fer pour faire les appareils distillatoires. Au contraire, le verre, le bois, la laine conduisent fort mal la chaleur. Par exemple, si l'on touche du bois, on n'a pas la sensation de froid qu'on éprouverait si l'on posait la main sur un morceau de fer; cela tient à ce que le fer, étant bon conducteur, enlève rapidement la chaleur de la main aux points de contact pour la transmettre plus loin.

Une expérience très simple permet de comparer la conductibilité de deux corps quelconques. On prend par exemple une tige de cuivre et une tige de fer ayant même longueur et même section; on les enduit de paraffine et on fixe leurs extrémités du même côté à un disque de liège (*fig.* 146). Les deux tiges étant disposées horizontalement, on chauffe les autres extrémités avec un brûleur Bunsen; la paraffine fond progressivement et on remarque que la gouttelette qui se déplace le long de la tige du cuivre est plus éloignée de la flamme que celle qui se déplace le long de la tige de fer. On voit ainsi que le cuivre conduit mieux la chaleur que le fer.

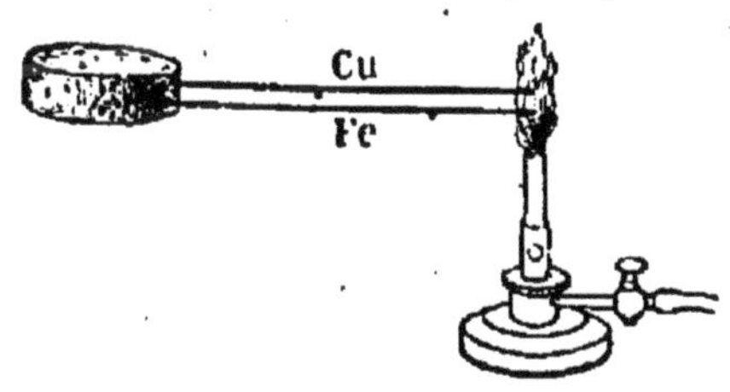

Fig. 146. — Expérience pour la comparaison des conductibilités.

Applications. — Le pouvoir conducteur des métaux est utilisé dans les *toiles métalliques*. Si l'on écrase une flamme avec une semblable toile, celle-ci n'est pas traversée par la flamme (*fig.* 147). La toile métallique, étant très conductrice, refroidit les gaz qui la traversent et les amène à une température assez basse pour qu'ils ne puissent rester enflammés au-dessus d'elle. Cette propriété est utilisée dans les laboratoires pour préserver les vases du contact direct de la flamme; on fait avec les toiles métalliques des rideaux de théâtre, des *lampes de sûreté* (*fig.* 148) pour préserver les mineurs des explosions de grisou, etc.

FIG. 147. — Effet d'une toile métallique sur la flamme.

La faible conductibilité du bois, de la paille, etc. trouve de nombreuses applications. C'est ainsi que l'on adapte des manches de bois aux cafetières métalliques, aux outils qui doivent être introduits dans un foyer; que l'on entoure les pompes avec de la paille en hiver pour éviter la congélation de l'eau qu'elles contiennent; que l'on conserve la glace pendant un certain temps, en l'entourant de sciure de bois.

FIG. 148. — Lampe de sûreté.

Dans l'industrie, les corps mauvais conducteurs portent le nom d'*isolants* ou de *calorifuges* ils sont très employés pour prévenir le refroidissement. Les tuyauteries d'eau chaude, de vapeur, les parties exposées à l'air des chaudières à vapeur sont enveloppées de liège, de mastics formés par de la terre glaise et des menues pailles hachées avec des crins, des poils, etc. Les cylindres des machines à vapeur et une foule d'appareils sont isolés avec des douves de bois. — On fabrique aujourd'hui avec de petits fragments de liège agglomérés des briques isolantes qui servent à construire des glacières (*fig.* 149). On s'en sert aussi pour les glacières d'appartement, pour l'aménagement des wagons-glacières employés au transport des bières ou de la marée, etc.

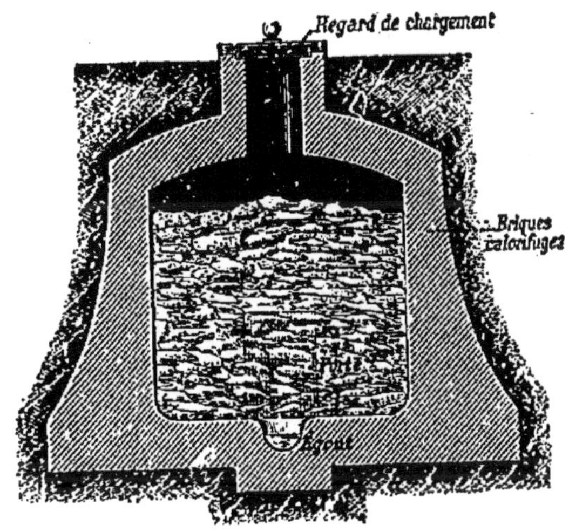

FIG. 149. — Coupe d'une glacière.

130. Conductibilité des liquides et des gaz. — A l'exception du mercure, les liquides conduisent très mal la chaleur. C'est ainsi que l'on peut faire bouillir à sa partie supérieure de l'eau dans un tube à essais incliné, sans modifier sensiblement la température des couches situées au fond du tube. Ce n'est donc pas par conductibilité que les liquides s'échauffent habituellement ; la chaleur y est transportée par des courants liquides dus aux variations de densité. Quand, par exemple, on place un vase plein d'eau sur un foyer (*fig.* 150), les couches inférieures du liquide s'échauffent directement et s'élèvent par suite de la diminution de leur densité ; elles sont remplacées par des couches froides qui s'échauffent à leur tour, et ainsi de suite.

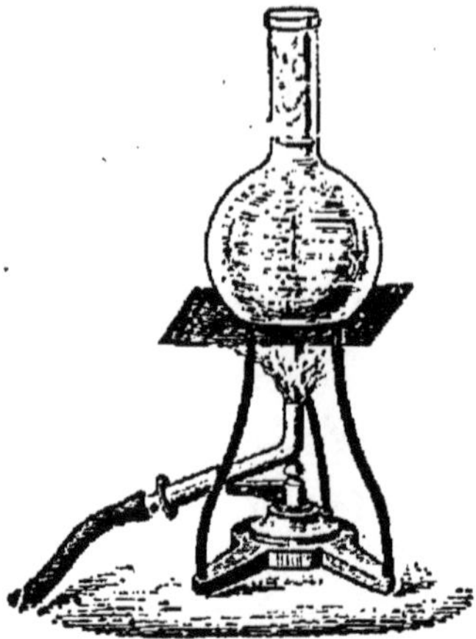

FIG. 150. — Courants dans les liquides chauffés.

On peut rendre ces courants visibles en mêlant au liquide, avant de le chauffer, de la sciure de bois : on voit les particules de bois, entraînées par le mouvement de d'eau, accuser l'existence des courants ascendants de liquide chaud et des courants descendants de liquide froid.

Les gaz, sauf l'hydrogène, ont une conductibilité à peu près nulle ; aussi la propagation de la chaleur s'y fait-elle le plus souvent par des courants comme dans les liquides.

TRANSMISSION PAR RAYONNEMENT

131. Propriétés de la chaleur rayonnante. — La chaleur peut aussi se transmettre par rayonnement. Cette transmission se produit *rapidement* et dans toutes les directions, sans qu'il y ait échauffement sensible des milieux traversés. La chaleur du soleil se transmet jusqu'à nous par rayonnement ; il en est de même de la chaleur d'un poêle.

La chaleur rayonnante se propage dans le vide ; la chaleur qui nous arrive du soleil ne nous parvient en effet qu'après avoir traversé un espace vide. La chaleur rayonnante se propage avec une très grande vitesse ; cette vitesse est d'environ 300 000^{km} par seconde.

Réflexion de la chaleur rayonnante. — Quand de la chaleur rayonnante tombe sur une surface polie, elle change de direction; on dit qu'elle se *réfléchit*.

On peut utiliser ce phénomène de la réflexion pour concentrer la chaleur rayonnante. On se sert de deux miroirs concaves placés bien en regard l'un de l'autre à quelques mètres de distance (*fig.* 151). Devant l'un des miroirs, en un point spécial appelé *foyer*, on dispose une corbeille métallique contenant des charbons allumés, et au foyer de l'autre une tige supportant un corps facilement inflammable comme le bout phosphoré d'une allumette chimique ou du coton-poudre. Dans ces conditions, le corps combustible prend feu, tandis qu'il ne s'enflamme pas en deçà et au delà du foyer où il a été placé. La chaleur a été ainsi concentrée au foyer du second miroir.

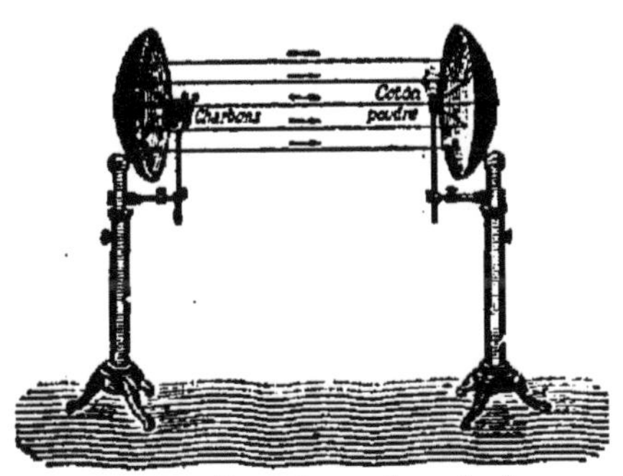

Fig. 151. — Expérience des miroirs conjugués.

La concentration de la chaleur par réflexion, principalement de la chaleur solaire, produit des températures très élevées. En se servant de miroirs concaves en verre argenté, dirigés convenablement vers le soleil, on peut enflammer de l'amadou, fondre du plomb, etc. placés au foyer, ce qui a fait donner à ces miroirs le nom de *miroirs ardents*.

132. Corps diathermanes et corps athermanes. — On dit qu'un corps est *diathermane* lorsqu'il se laisse facilement traverser par la chaleur rayonnante : l'eau est un corps diathermane. Les corps comme les métaux, le bois qui ne se laissent pas traverser par cette chaleur sont dits *athermanes*.

Le verre possède la curieuse propriété d'être diathermane pour la chaleur *lumineuse* et athermane pour la chaleur *obscure* (la chaleur lumineuse est due à une source de chaleur émettant de la lumière comme le soleil, une bougie, tandis que la chaleur obscure provient d'une source de chaleur non lumineuse comme un poêle, de l'eau chaude). De là vient l'usage des cloches en verre, des châssis vitrés dont les jardiniers couvrent les plantes pour faire mûrir les fruits, l'emploi des serres vitrées pour conserver les plantes auxquelles l'action du froid serait funeste. La plus grande partie de la chaleur venant du soleil pénètre, avec la lumière, au travers du verre et vient échauffer les plantes abritées. Celles-ci rayonnent à leur tour, mais la chaleur qu'elles émettent est de la chaleur obscure pour laquelle le verre est athermane et qui, restant emprisonnée dans l'enceinte, en élève la température.

La propriété que possède la vapeur d'eau d'arrêter en grande partie la chaleur obscure joue un rôle important dans la nature. L'atmosphère humide laisse passer la chaleur lumineuse émise par le soleil, mais elle arrête, en revanche, presque toute la chaleur obscure qu'émet le sol échauffé et le préserve ainsi d'un refroidissement trop accentué. Le rôle que joue ainsi la vapeur d'eau a fait dire que l'atmosphère est le *manteau* de la Terre.

133. Absorption de la chaleur. — Quand de la chaleur tombe sur un corps, elle se divise en plusieurs parties : une partie est réfléchie régulièrement, une autre est *diffusée* dans toutes les directions, une autre enfin traverse le corps si celui-ci est diathermane, le reste est absorbé. C'est la chaleur absorbée par le corps qui élève sa température.

Les métaux polis absorbent relativement peu de chaleur, le noir de fumée, au contraire, ne diffuse ni ne réfléchit sensiblement la chaleur qu'il reçoit et absorbe toute cette chaleur. Il en résulte que si l'on exposait au soleil un thermomètre dont le réservoir serait enduit de noir de fumée, il marquerait une température plus élevée qu'un thermomètre identique dont le réservoir serait recouvert d'une feuille d'argent. Pour hâter la fusion de la neige, on peut la recouvrir de poussier de charbon. Les vases métalliques où l'on fait chauffer les liquides s'échauffent lentement quand ils sont polis et bien nettoyés. Enfin les vêtements blancs sont employés dans les régions chaudes, parce que leur pouvoir absorbant étant très faible, ils s'échauffent peu sous l'action des rayons du soleil.

134. Émission de la chaleur. — Les différents corps émettent, à température et à surface égales, des quantités de chaleur plus ou moins grandes; mais les corps qui absorbent relativement beaucoup de chaleur sont aussi ceux qui, à la même température, émettent la plus grande quantité de chaleur. Le noir de fumée, par exemple, a un très grand pouvoir émissif; les métaux polis n'en possèdent qu'un très faible.

Le faible pouvoir émissif des métaux explique l'usage que l'on fait de vases en métal poli, comme les cafetières d'argent, pour maintenir des liquides longtemps chauds. Les poêles en fonte se refroidissent plus vite que les poêles en faïence parce que le pouvoir émissif de la fonte est plus grand que celui de la faïence.

PROTECTION CONTRE LE CHAUD ET LE FROID

135. En parlant de la propagation de la chaleur nous avons par là même parlé de la propagation du froid, car la physique ne fait pas cette distinction en chaud et froid:

elle ne connaît que des *températures*, indifféremment élevées ou basses, et elle ne sait pas où commence le chaud et où finit le froid; nos sens eux-mêmes sont d'ailleurs quelque peu incertains là-dessus.

Les principales règles de protection contre le chaud et le froid découlent immédiatement des lois de propagation de la chaleur et du froid que nous venons de faire connaître. Nous n'avons qu'à les appliquer.

Protection contre la chaleur.

136. Si l'air est chaud à l'extérieur, nous nous protégeons nous-mêmes: 1° en faisant produire à notre corps le moins possible de chaleur. Nous ne pouvons éviter celle qui provient de notre respiration — véritable combustion; — mais nous pouvons limiter cette autre source de chaleur qu'est le mouvement; 2° en portant des vêtements légers, amples, et blancs de préférence, parce qu'ils absorberont moins de chaleur. La nature d'ailleurs nous protège elle-même, car dès que la température ambiante s'élève, notre transpiration est plus active et l'évaporation de la sueur aussi; elle se fait en enlevant de la chaleur au corps.

Nous protégeons nos habitations en leur donnant des murs épais, que la chaleur du jour n'ait pas le temps de traverser par conductibilité (dans la plupart des habitations des grandes villes de nos pays tempérés, on fait maintenant, par raison d'économie, des murs insuffisamment épais); nous fermons leurs ouvertures pour ne pas y laisser pénétrer les courants d'air chaud, et, s'il fait du soleil (chaleur lumineuse), comme les vitres des fenêtres ne nous protègent plus, nous les doublons d'un corps athermane (store, volet, etc.). — En été, la plupart des serres ne pourraient pas supporter toute l'ardeur du soleil; on les protège également par des corps athermanes (paillassons, rideaux, etc.).

On rend quelquefois les murs difficiles à traverser par la chaleur non pas en leur donnant beaucoup d'épaisseur, mais en les construisant avec des matériaux particulièrement mauvais conducteurs, comme les briques creuses, dont les évidements forment des bourrelets d'air qui arrêtent la propagation de la chaleur.

Dans les pays chauds, on établit autour des habitations des galeries qui les protègent contre l'ardeur du soleil et permettent d'entretenir un courant d'air rafraîchissant. On construit des terrasses au lieu de toitures pour éviter les combles et empêcher ainsi la production d'un matelas d'air chaud. Les cours, les soubassements des murs sont souvent recouverts de carrelages blancs vernis pour arrêter la chaleur. Enfin les maisons sont généralement peintes en blanc.

Nous pouvons avoir à lutter contre de la chaleur n'ayant plus sa source première immédiate dans le soleil, mais provenant de combustions : respirations d'une agglomération de personnes, combustion de lampes allumées, etc. Dans ce cas, le foyer étant interne, on ne peut arrêter la chaleur au passage. On ne peut la combattre qu'avec du froid ou tout au moins de l'air plus frais.

Si les moyens naturels de ventilation ne suffisent pas, on peut recourir à des ventilateurs mécaniques. Ils sont peu employés encore dans les habitations particulières (nous ne parlons pas des petits ventilateurs électriques, qui ne sont que des sortes d'éventails mécaniques et se répandent beaucoup), bien qu'il soit aussi naturel de fabriquer du froid pour l'été que de la chaleur pour l'hiver. Mais ces ventilateurs sont très employés pour rafraîchir et surtout renouveler l'air vicié des grandes salles publiques, théâtres, ateliers, mines, etc. Dans certaines industries (des filatures notamment), ils sont indispensables pour maintenir l'atelier à la température constante exigée par la nature du travail. Ces ventilateurs sont des pompes à air, mues ordinairement par la vapeur, et qui vont puiser l'air frais dans les caves et sous-sols.

Si les sous-sols n'offrent pas à l'aspiration un air assez frais, on le refroidit préalablement par des pulvérisations d'eau, qui lui empruntent sa chaleur pour se vaporiser.

Protection contre le froid.

137. La nature prévoyante protège l'homme contre le froid : elle active sa respiration dès que la température s'abaisse, ce qui fait produire à son corps plus de chaleur. Une nourriture plus abondante y contribue aussi.

Les animaux des pays froids sont généralement préservés du froid par des fourrures dont les poils sont fournis et soyeux (ou par d'épaisses couches de graisse, corps mauvais conducteur ; *ex.:* la baleine). L'homme, dans ces mêmes pays, n'étant pas comme eux garanti naturellement, est dans l'obligation de se vêtir ; il a adapté à sa propre défense contre le froid les peaux couvertes de poils de ces animaux. Il utilise aussi la laine des moutons, le duvet de certains oiseaux, notamment de l'*eider* (nom qui a servi à former *édredon*), habitant des froides régions. Quand de l'air est emprisonné dans ces matières filamenteuses, la propagation de la chaleur interne ou du froid extérieur ne se fait plus que difficilement et l'ensemble constitue une enveloppe très peu perméable à la chaleur et au froid.

Les couvertures de laine, les vêtements ouatés nous protègent de même par l'emprisonnement d'une couche d'air non conductrice. — La paille qu'on met dans ses sabots ou dont on s'enveloppe la nuit pour dormir quand on n'a pas de lit, agit de la même façon, chaque brin emprisonnant un long cylindre d'air. — Les bouillottes enveloppées de laine ou d'ouate conservent longtemps leur chaleur pour la même raison. — Pour la végétation, la neige est de même un manteau protecteur, à cause de tout l'air qu'elle emprisonne : les grands froids ne peuvent plus, au travers d'elle, atteindre la terre.

S'il s'agit de chaleur rayonnante, rappelons que les serres reçoivent la chaleur lumineuse et emprisonnent la chaleur obscure ; il en est de même des cloches et des châssis. Quand de la végétation un peu délicate n'est pas enclose dans un espace vitré, le rayonnement des nuits les plus sereines est souvent à redouter pour elle : la terre rayonnant de sa chaleur vers les espaces célestes se refroidit et les gelées sont à craindre. C'est pour les éviter qu'on emploie des paillassons suspendus au-dessus de certaines plantes. On va même quelquefois plus loin : pour avoir un vaste écran on crée des nuages artificiels en faisant brûler de la paille humide et des herbes.

Il nous reste à parler des habitations. Nous avons dit qu'on les protégeait contre les grandes variations de température par des murs épais ou des murs à briques creuses. Quant aux fenêtres, par où le froid pénètrerait facilement à cause du peu d'épaisseur des vitres, dans beaucoup de pays on les fait doubles : la couche d'air interposée est un écran contre le froid. — Dans les pays très froids, les malheureux habitants se construisent des refuges en glace ou en neige durcie, corps très mauvais conducteurs de la chaleur.

Les moyens de protection dont nous avons parlé ne suffisent pas par les grands froids, et nous sommes d'ailleurs bien forcés, pour aérer nos habitations, de ne pas les laisser hermétiquement closes. Il faut donc les chauffer.

138. Chauffage. — Le chauffage a pour objet d'utiliser la chaleur produite par des combustions vives. Les combustibles employés sont : le bois, des charbons naturels (houille, anthracite, lignite, tourbe), des charbons artificiels (coke, charbon de bois), du gaz de ville, des huiles de pétrole et de schiste, etc.

Les produits de la combustion ne peuvent pas être respirés ; ils produiraient vite l'asphyxie. On ne peut donc faire de feu dans les appartements qu'à la condition d'avoir une issue pour ces produits malsains. Aussi toutes les maisons ont-elles un conduit de fumée partant de chacune des pièces où un foyer peut être allumé. Ces conduits, noyés ordinairement dans les murs, vont aboutir au sommet des maisons.

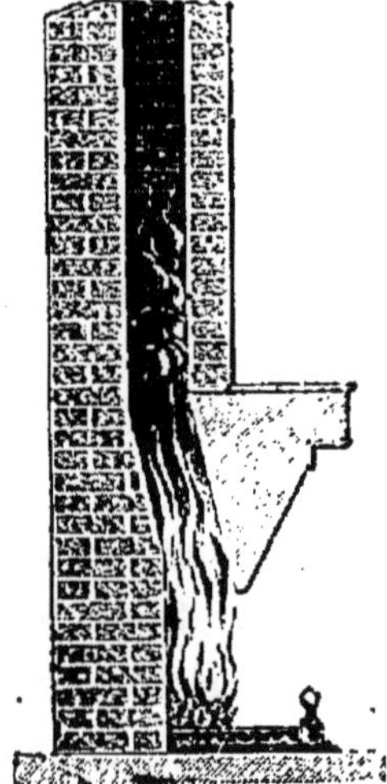

Fig. 152. — Coupe d'une cheminée et de son conduit de fumée.

Quand le feu est allumé, il échauffe l'air du conduit, qui s'élève comme étant plus léger que l'air froid et échauffe à son tour les parois du conduit. Cet air chaud qui s'en va est remplacé à tout instant par de l'air frais de la pièce qui vient se réchauffer au contact du foyer, pour s'élever à son tour ; de là un appel continu d'air frais.

Cheminées. — Les cheminées ont une forme bien connue ; nous donnons ci-contre (*fig.* 152) la coupe d'une cheminée d'appartement. Il suffirait de placer une bougie allumée devant le foyer pour se rendre compte de l'appel d'air ; on verrait la flamme s'incliner vers la cheminée. Si l'on réduit l'ouverture du foyer en baissant le rideau de fer ou *tablier,* on oblige la même quantité d'air frais à passer par un espace beaucoup plus petit ; alors il s'y engouffre et active beaucoup la combustion.

Si la pièce dans laquelle on fait du feu était hermétiquement close, il n'y aurait pas d'appel d'air, pas de tirage, et la cheminée *fumerait.* Il est donc nécessaire que de l'air du dehors puisse entrer dans la pièce par les interstices des fenêtres et des portes. Si l'on bouchait ces petites ouvertures au moyen de bourrelets, il serait indispensable d'avoir une autre prise d'air.

Les cheminées constituent un mode de chauffage agréable à cause de la vue du feu, très sain par la ventilation continue que provoque leur tirage. En revanche, ces appareils sont peu économiques, car ils n'envoient dans l'appartement que 10 à 15 % au plus de la chaleur produite ; le reste est entraîné au dehors par le courant d'air que nécessite la combustion.

Poêles. — Les poêles sont des foyers fermés, entourés complètement par la masse d'air que l'on veut chauffer. On les construit en faïence, en tôle ou en fonte. Les poêles en faïence donnent une chaleur plus douce. Quant aux poêles en fonte, il ne faut jamais les laisser rougir : la fonte portée au rouge a la propriété de se laisser traverser par les gaz, notamment par l'oxyde de carbone (*Chim.*, 119), qui est excessivement toxique.

Le chauffage par les poêles est économique, car ils envoient dans l'appartement de 70 à 80 % de la chaleur produite.

Les types de poêles varient à l'infini. Quelques-uns tiennent en même temps de la cheminée et sont adossés aux murs ; on les appelle des *cheminées prussiennes*.

Poêles mobiles. — Les poêles mobiles ou à combustion lente sont construits de façon à pouvoir recevoir dans un long cylindre vertical la provision de charbon qui leur est nécessaire pour la journée. Le charbon ne brûle que dans la partie basse, où est le tuyau d'évacuation et où, par conséquent, il y a du tirage, et la pile ne s'affaisse que très lentement. Le poêle est construit de manière que le tirage soit très faible, quand on veut la dépense de combustible minime. Le tirage est parfois si faible qu'il cesse d'exister, et l'oxyde de carbone, que ces poêles produisent abondamment, est alors refoulé dans la pièce, où il crée un grand danger. L'usage de ces poêles doit être proscrit.

Calorifères. — Lorsqu'il s'agit de chauffer des maisons entières, des ateliers, des amphithéâtres, des édifices publics, il est presque toujours économique d'établir un foyer unique disposé pour chauffer tout l'immeuble. Les calorifères remplissent ce but. On les fait à air chaud, à eau chaude ou à vapeur, et on les installe dans les sous-sols.

Calorifères à air chaud. — Le combustible échauffe des surfaces métalliques ou autres au contact desquelles on amène de l'air frais qui s'échauffe à son tour. Cet air chaud est envoyé dans les pièces à chauffer, où il arrive par des bouches de chaleur. On peut fermer ces bouches à volonté ; mais malgré cela on n'arrête pas toujours le chauffage dans les pièces qui reçoivent le plus directement l'air du calorifère ; au contraire dans les parties éloignées le chauffage est quelquefois insuffisant. L'air de ces calorifères n'est pas toujours exempt d'oxyde de carbone. Il a aussi l'inconvénient d'être trop desséché ; mais on remédie à cela en laissant évaporer dans la pièce l'eau d'une soucoupe.

Calorifères à eau chaude. — Le chauffage par l'eau chaude a pour avantage de moins dessécher l'air ambiant que le système par l'air chaud. On emploie une chaudière placée sur un foyer et communiquant avec des tubes d'émission qui s'élèvent dans les étages à chauffer et se prolongent par des tuyaux de retour à la chaudière. L'eau la plus chaude monte en vertu de sa faible masse spécifique, se refroidit peu à peu à cause de la chaleur qu'elle cède, puis retourne à la chaudière par son propre poids.

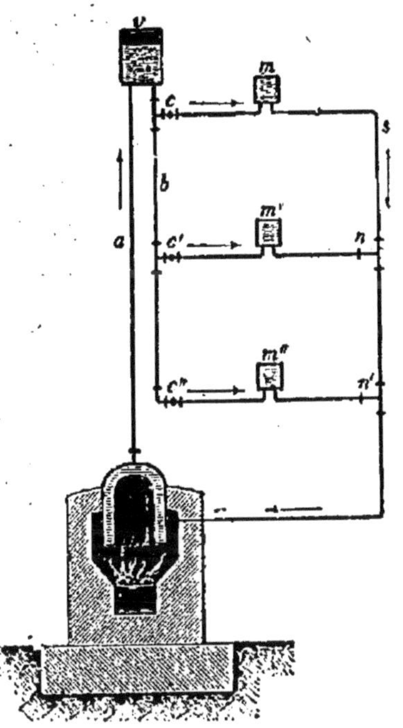

Fig. 153. — Schéma d'une installation de chauffage par l'eau chaude.

La figure 153 représente une installation schématique de chauffage par l'eau chaude : *a*, colonne montante ; *b*, colonne de distribution aux divers étages avec robinets en c, c', c" pour régler la température ; *m*, *m'*, *m"*, poêles à eau pour augmenter la surface de chauffe ; *v*, vase d'expansion pour permettre la dilatation de l'eau ; *s*, conduite de retour avec soupapes de retenue en *n* et *n'* pour éviter le mélange des eaux de retour refroidies avec les eaux d'émission chaudes.

Calorifères à vapeur. — Le chauffage par la vapeur est basé sur ce fait que la vapeur se transporte très facilement d'elle-même dans les conduits qui lui sont ouverts. Dans son parcours, cette vapeur se condense en abandonnant de la chaleur, et l'eau de condensation est ramenée, chaude, à la chaudière, où elle se transforme de nouveau en vapeur.

FIG. 154. — Tuyaux à ailettes.

Le chauffage à vapeur qui convient dans les habitations particulières est le chauffage à basse pression, dans lequel la pression dans la chaudière est de 1/10 de kilogramme environ. Les tuyaux qui conduisent la vapeur ne suffisent généralement pas à chauffer par eux-mêmes ; on intercale donc de distance en distance, sur ces tuyaux, des appareils appelés *radiateurs* destinés à augmenter la surface de contact avec l'air. Ces radiateurs sont quelquefois des tuyaux à ailettes (*fig.* 154), qu'on place horizontalement autour des pièces. L'air froid s'échauffe au contact de ces tuyaux et cède une partie de sa chaleur aux murs, le long desquels il s'élève avant de se répandre dans la salle. Lorsque la canalisation aboutit à des appartements, on distribue la chaleur au moyen de radiateurs plus élégants. La vapeur arrive par A (*fig.* 155), bifurque : une partie suit la conduite AB pour aller chauffer les pièces voisines ; l'autre partie pénètre en *a* dans le radiateur, s'y propage, puis s'y condense, sort en *c*

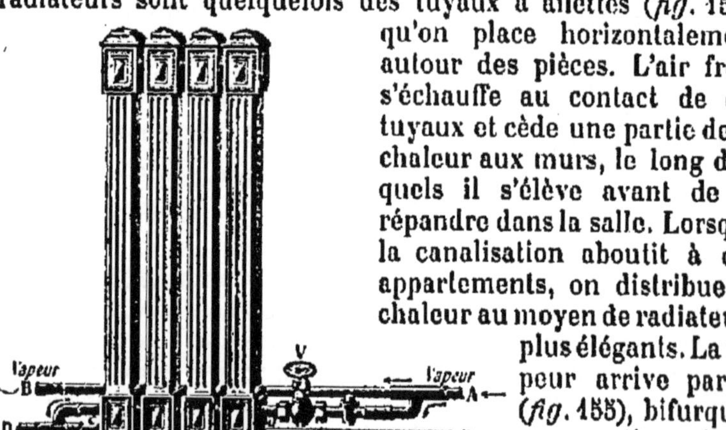

FIG. 155. — Radiateur à vapeur.

et retourne à la chaudière par un tube DE, légèrement incliné. Si l'on ne veut pas qu'une pièce soit chauffée, on ferme la vis V, et la vapeur ne pénètre pas dans le radiateur : elle va chauffer plus loin.

Le chauffage par la vapeur est très hygiénique ; il ne dessèche pas l'air et n'engendre pas de gaz toxiques ; il met à l'abri des dangers d'incendie ; il est économique.

RÉSUMÉ DU CHAPITRE XVII

On dit que la chaleur se propage par *conductibilité* quand elle se transmet lentement à travers un corps en échauffant successivement ses différentes parties.

Parmi les solides, les métaux sont plus ou moins bons conducteurs ; le verre, le bois sont de mauvais conducteurs. On tient compte dans la pratique de ces différences de conductibilité (emploi des toiles métalliques, des manches isolants en bois, etc.).

Les liquides conduisent mal la chaleur, à l'exception du mercure. Quand on les chauffe, les couches chauffées directement deviennent de moins en moins denses et s'élèvent ; elles sont remplacées par d'autres qui s'échauffent à leur tour, et ainsi de suite.

La chaleur *rayonnante* se transmet rapidement sans qu'il y ait échauffement sensible des milieux traversés. Elle se réfléchit comme la lumière (expérience des miroirs conjugués).

Un corps est *diathermane* lorsqu'il se laisse facilement traverser par la chaleur rayonnante. Ex. : l'eau est diathermane ; au contraire le bois, les métaux sont *athermanes*.

La partie de la chaleur tombant sur un corps qui n'est ni réfléchie, ni diffusée, ni transmise à travers ce corps, est absorbée par le corps et l'échauffe. Le noir de fumée a un grand pouvoir absorbant. On hâte la fusion de la neige en la recouvrant de poussier de charbon.

Les différents corps, à température et surface égales, émettent plus ou moins de chaleur. Les métaux ont un pouvoir émissif très faible ; de là l'usage de vases en métal poli pour maintenir longtemps les liquides chauds.

La température de l'air des habitations tend à augmenter par la respiration, l'éclairage et les combustions. La ventilation a pour effet d'abaisser cette température en même temps qu'elle débarrasse l'air du gaz carbonique provenant de la respiration et de l'éclairage. La ventilation se fait naturellement (par les interstices des portes, fenêtres, etc.) ou par appel (cheminées, poêles, etc.).

Pour se protéger contre le froid, on utilise le pouvoir mauvais conducteur de l'air (fourrures, briques creuses, doubles fenêtres pour les habitations). On maintient une température suffisante à l'intérieur des habitations par le chauffage.

Les *cheminées* sont des foyers adossés à un mur et surmontés d'un conduit débouchant à l'extérieur. L'appel d'air frais au niveau du foyer est déterminé par la légèreté de l'air chaud par rapport à l'air frais ambiant. Les *poêles* sont des foyers fermés, entourés par la masse d'air à échauffer. Ils comprennent un foyer, une enveloppe et un tuyau pour l'évacuation des gaz. Les *calorifères* sont disposés de manière à chauffer des immeubles entiers ; ce chauffage se fait par l'air chaud, l'eau chaude ou la vapeur.

CHAPITRE XVIII

VAPEUR D'EAU DANS L'ATMOSPHÈRE

---

139. Considérations générales. — L'air étant en contact avec l'eau par des surfaces considérables, n'est jamais complètement sec ; il suffit, pour s'en assurer, d'exposer à l'air une carafe contenant de l'eau froide : la vapeur d'eau contenue dans l'air qui entoure la carafe se condense et recouvre cette dernière d'un dépôt de rosée.

La quantité de vapeur d'eau contenue dans l'air est très variable suivant le temps et suivant le lieu. Quant au *degré d'humidité* de l'air à un moment donné, il ne dépend pas seulement de cette quantité de vapeur, mais aussi et surtout de la quantité totale de vapeur d'eau que l'air contiendrait s'il était complètement saturé. Passé cette limite, la condensation de l'excédent de vapeur se produirait. Or la quantité d'eau que l'air peut conserver à l'état de vapeur augmente beaucoup à mesure que la température s'élève. Ainsi 1^{m^3} d'air à 0° est saturé par $4^{g},9$ de vapeur d'eau, tandis que pour le saturer à 20° il en faut $17^{g},2$.

Si l'air renferme par exemple 17^{g} de vapeur d'eau par

mètre cube à la température de 20°, il est très humide, parce qu'il est presque à la limite de ce qu'il peut contenir et qu'il suffirait d'un très léger abaissement de température pour amener une condensation. Au contraire, avec cette même quantité de vapeur d'eau, mais une température de 30°, par exemple, l'air est très sec, parce qu'il en pourrait contenir beaucoup plus (30g,2 par mètre cube).

L'air contient en général moins de vapeur d'eau l'hiver que l'été, et cependant il paraît plus humide parce que, la température étant plus basse, la vapeur est plus voisine de son point de condensation. De même, lorsqu'on chauffe une salle, on ne diminue pas la quantité de vapeur qu'elle contient, mais à mesure que la température s'élève, l'air devient de plus en plus sec parce que le point de condensation de la vapeur s'élève de plus en plus.

On définit ainsi le degré d'humidité de l'air, ou, comme on dit, son *état hygrométrique* : c'est le *rapport qui existe entre la force élastique de la vapeur d'eau contenue dans l'air et la force élastique maxima de cette vapeur à la même température.*

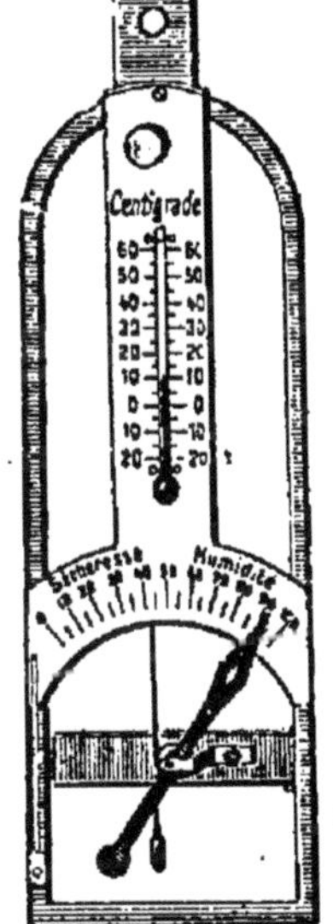

FIG. 156. — Hygromètre à cheveu.

Les instruments qui servent à étudier expérimentalement le degré d'humidité de l'air s'appellent des *hygromètres*. Les plus simples sont les hygromètres à absorption.

Le principe de ces hygromètres réside dans la propriété que possèdent le bois, les cordes à boyau, les cheveux, etc., de s'allonger quand l'air est humide et de se raccourcir quand l'air est sec. Dans l'*hygromètre à cheveu*, par exemple (*fig.* 156), un cheveu bien dégraissé est maintenu à sa partie supérieure, tandis que sa partie inférieure s'attache sur l'une des gorges d'une double poulie dont l'axe porte une aiguille mobile sur un cadran divisé. Sur la deuxième gorge s'enroule un fil de soie qui supporte une petite masse, assez forte pour tendre le cheveu et trop faible pour l'allonger. On gradue cet instrument par comparaison avec d'autres hygromètres plus précis

On construit aussi des hygromètres à cheveu enregistreurs. Un faisceau de cheveux, fixé par une de ses extrémités, transmet ses indications à une plume enregistrante (*fig.* 157). On emploie ces hygromètres dans les observatoires, les étuves-séchoirs des ateliers de tissage, etc.; ils sont également très utiles pour les serres et les appartements.

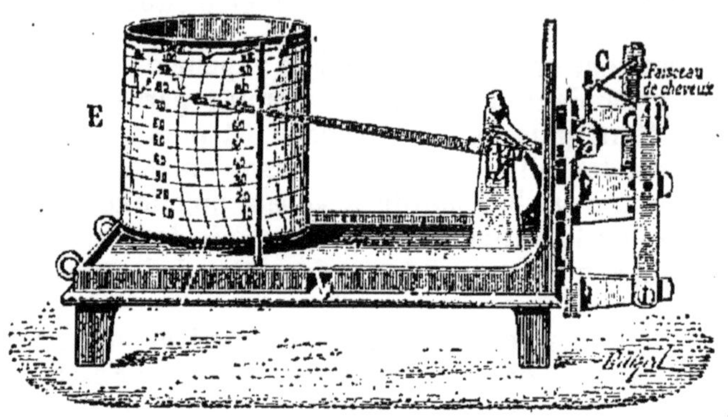

FIG. 157. — Hygromètre à cheveu enregistreur.

140. Principaux météores aqueux. — Les météores aqueux sont ceux qui ont pour cause la *condensation* et la *précipitation* de la vapeur d'eau contenue dans l'atmosphère. Lorsqu'une masse d'air humide se refroidit pour une cause quelconque, la vapeur qu'elle renferme s'approche peu à peu du point où elle va être saturante; si le refroidissement est suffisant pour que cette température soit dépassée, une partie de la vapeur se condense; le reste se maintient dans la masse d'air, qui reste saturée.

Les principaux météores aqueux sont les brouillards, les nuages et la rosée.

141. Brouillards. — Les brouillards sont des amas de très fines gouttelettes d'eau qui proviennent de la condensation de la vapeur d'eau au voisinage du sol et qui rendent l'air plus ou moins opaque.

Ces gouttelettes sont tellement fines qu'elles sont soulevées par la moindre agitation de l'air ; dans un air calme elles tombent très lentement. Si le refroidissement qui leur a donné naissance augmente, elles grossissent et leur chute devient plus rapide : on dit que le brouillard *tombe* ; si au contraire la température s'élève, le brouillard se dissipe par évaporation et l'air redevient transparent.

Les brouillards se produisent lorsque des vents humides arrivent dans une région plus froide que l'air, et plus souvent encore lorsqu'une étendue d'eau quelconque est plus chaude que l'air qui la surmonte. Dans ce dernier cas, les vapeurs dégagées par l'eau arrivent dans la masse d'air plus froide ; comme ces vapeurs sont en quantité plus que suffisante pour saturer l'air, l'excédent se condense et forme du brouillard. Les brouillards de cette nature se rencontrent fréquemment, le soir, dans les vallées des rivières, les prés humides, les marécages, parce que l'air se refroidit plus vite que l'eau.

142. Nuages. — Les nuages ne sont autre chose que des brouillards suspendus à une hauteur plus ou moins grande dans l'atmosphère. Ils sont constitués également par de fines gouttelettes d'eau qui, en même temps qu'elles se meuvent horizontalement sous l'influence du vent, tombent lentement avec une vitesse ne paraissant pas dépasser 1^m ou $1^m,50$ par seconde dans un air calme. Cette chute est ralentie par la résistance de l'air et surtout par les courants d'air chaud qui s'élèvent du sol ; d'ailleurs, à mesure que les gouttelettes descendent, elles arrivent dans des couches d'air de plus en plus chaudes, où elles se vaporisent ; la vapeur ainsi produite s'élève au-dessus du nuage et reforme de nouvelles gouttelettes, de sorte que la partie inférieure d'un nuage se dissipe continuellement, tandis que sa partie supérieure s'accroît sans cesse par la condensation de nouvelles vapeurs. On s'explique ainsi pourquoi les nuages présentent continuellement des variations dans leur forme.

La plupart des nuages doivent leur origine à la condensation directe des vapeurs qui s'élèvent de la terre. L'air qui est au contact du sol, s'échauffant pendant une partie de la journée, devient plus léger et s'élève chargé d'une quantité plus ou moins grande de vapeur d'eau. A mesure qu'il s'élève, il rencontre des régions de l'atmosphère de plus en plus froides, et comme en même temps sa propre température s'abaisse par suite de la dilatation que lui fait éprouver la diminution de pression (1), il arrive bientôt à être saturé. La condensation commence alors, et il se forme un amas de gouttelettes très petites, véritable brouillard qui constitue un nuage.

Les nuages peuvent affecter une infinité de formes, que l'on rapporte à trois types principaux : ce sont les cirrus, les cumulus et les nimbus (*fig.* 158).

1° Les *cirrus*, appelés *queues de chat* par les marins, sont de petits nuages blancs très déliés, ressemblant à de la laine cardée ou à des barbes de plume; ils s'étendent fréquemment sur le ciel en longues séries régulières. Ce sont les nuages les plus élevés. A cause de la basse température des régions qu'ils occupent (8 à 10km d'altitude), ils sont formés de flocons de neige ou de fines aiguilles de glace. L'apparition des cirrus dans nos régions est due au retour des vents du S-O et présage souvent la pluie.

2° Les *cumulus* ou *balles de coton* des marins, sont de gros nuages, constitués ordinairement par une base sombre sur laquelle se groupent des monceaux de nuages dont les contours blancs et arrondis brillent fortement sous l'influence des rayons solaires. Ils se produisent ordinairement à des températures relativement élevées et sont par conséquent l'espèce de nuages la plus fréquente en été dans nos régions. Quand ces nuages formés le matin, au lieu de s'être dissipés le soir, sont devenus plus nombreux dans la journée et qu'ils sont surmontés de cirrus, il y a probabilité de pluie ou d'orages.

(1) L'expansion, la détente d'un gaz ou d'une vapeur produit un abaissement de température, de même que la compression produit de la chaleur.

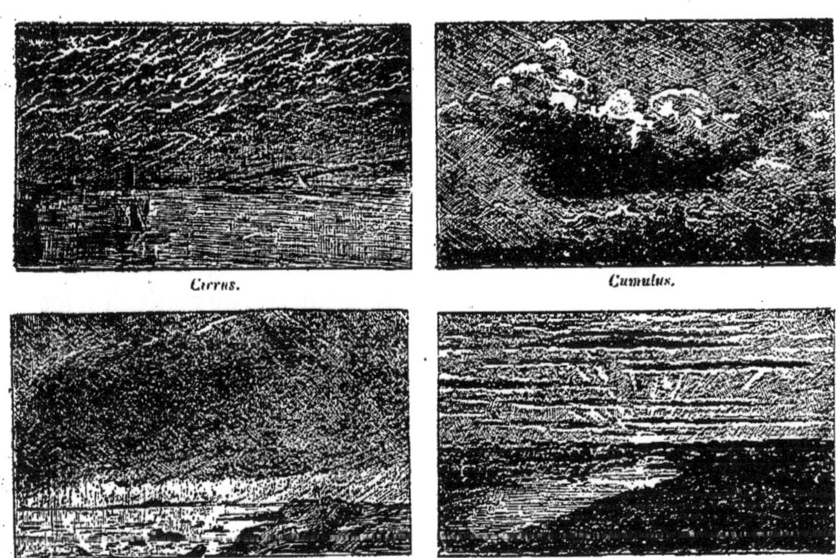

Fig. 158. — Principaux types de nuages.

On donne le nom particulier de *stratus* à des nuages bas, ayant la forme de longues bandes horizontales, qui apparaissent au coucher du soleil et disparaissent à son lever. Ces nuages ne constituent pas un type distinct; ce sont le plus souvent des cumulus que l'on aperçoit par la tranche.

3° Les *nimbus* sont des nuages pluvieux, reconnaissables à leur teinte d'un gris uniforme et à leurs bords frangés; ils descendent généralement très bas et prennent parfois une étendue considérable.

Pluie. — La pluie a pour cause une condensation qui s'effectue très rapidement dans une couche de nuages; les gouttelettes, se soudant alors les unes aux autres dans leur chute, forment des gouttes plus ou moins volumineuses, dont la masse est suffisante pour leur permettre d'arriver à la surface du sol. Lorsque ces gouttes, en tombant, traversent des couches d'air qui sont loin d'être saturées, elles s'évaporent partiellement et ne donnent lieu qu'à une pluie très fine; si, au contraire, les couches traversées sont saturées, les gouttes de pluie croissent en volume par la condensation de nouvelles vapeurs et deviennent d'autant plus grosses qu'elles tombent d'une plus grande hauteur (pluies d'orage).

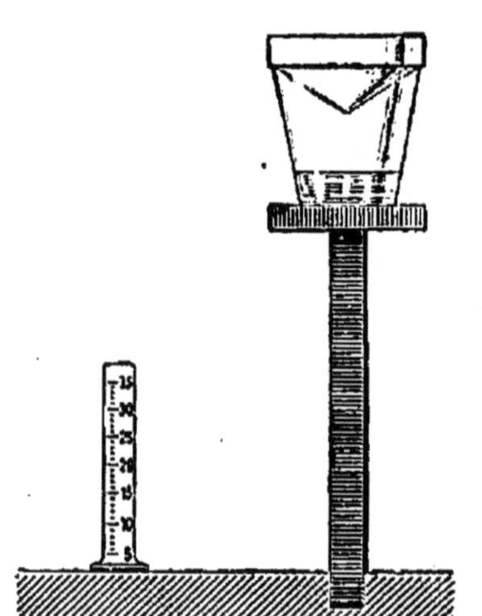

Fig. 159. — Pluviomètre ordinaire.

La quantité de pluie qui tombe annuellement dans une région déterminée s'évalue à l'aide d'instruments appelés *pluviomètres*. Le plus simple se compose d'un seau sur lequel repose un entonnoir terminé par une bague à bord presque tranchant délimitant ainsi une surface bien déterminée (*fig.* 159). Pour mesurer la quantité d'eau contenue dans le pluviomètre, on enlève l'entonnoir et on transvase le liquide dans un vase gradué.

Neige. — La neige n'est autre chose que de la pluie congelée ; elle se présente en flocons qui sont des groupements de petits cristaux étoilés, semblables aux cristaux constituant la glace (101).

La neige se forme lorsque la température des gouttelettes qui constituent les nuages devient égale ou inférieure à 0° ; aussi prédomine-t-elle dans la quantité totale de précipitation qui se produit dans les zones glaciales et sur le sommet des hautes montagnes, où elle persiste à partir d'une certaine limite (limite des neiges éternelles).

143. Rosée. — On donne le nom de rosée aux gouttelettes d'eau qui se déposent pendant les nuits calmes à la surface de la plupart des corps placés à découvert sur le sol.

Le phénomène de la rosée est analogue à celui qui se produit quand on expose à l'air une carafe contenant de l'eau froide. Après les journées chaudes, lorsque le ciel est serein, le sol et l'atmosphère se refroidissent en rayonnant vers les espaces célestes. Il en résulte un abaissement de température, abaissement qui est plus grand pour le sol que pour l'air. A un moment donné, les couches d'air qui sont en contact avec la surface du sol et ont sensiblement la même température, sont suffisamment refroidies pour que la vapeur qu'elles contiennent sature l'air ; si le refroidissement continue, cette vapeur se condense partiellement sous forme de petites gouttelettes d'eau qui constituent la rosée.

Les différentes causes qui influent sur la production de la rosée sont : le *pouvoir émissif des corps*, l'*agitation de l'air* et l'*état du ciel*.

Les corps qui émettent relativement beaucoup de chaleur, comme le bois, le verre, les plantes, sont ceux qui se refroidissent le plus rapidement; aussi la rosée s'y dépose-t-elle en plus grande abondance. Sur les corps qui émettent peu de chaleur, comme les objets brillants, les métaux polis, la rosée ne se dépose pas ou ne forme qu'un dépôt peu abondant.

Lorsque le vent est faible, il augmente le dépôt de rosée en renouvelant les couches d'air qui ont abandonné une partie de leur vapeur d'eau. S'il est fort, au contraire, les couches d'air sont renouvelées trop rapidement pour pouvoir se saturer et la rosée ne se dépose pas.

Enfin si le ciel est couvert d'épais nuages, il n'y a pas de dépôt de rosée, car les nuages étant à une température beaucoup moins basse que les espaces célestes, renvoient de la chaleur vers le sol, dont le refroidissement est alors peu considérable. Pour la même raison, les corps placés sous des abris ou dans le voisinage d'arbres, d'habitations, etc., qui cachent une partie du ciel, se recouvrent très difficilement de rosée.

RÉSUMÉ DU CHAPITRE XVIII

Il y a toujours de la vapeur d'eau dans l'atmosphère. Le degré d'humidité de l'air à un moment donné ne dépend pas seulement de la quantité de vapeur d'eau qu'il contient, mais aussi de la quantité de vapeur d'eau que l'air contiendrait s'il était saturé.

Les *météores aqueux* ont pour origine un abaissement de température, abaissement qui amène la vapeur d'eau contenue dans l'air à dépasser son point de condensation et à se condenser ou se précipiter en partie. La condensation se fait en très petites gouttelettes d'eau qui restent pour ainsi dire en suspension dans l'air, soit à la surface du sol (brouillards), soit dans les couches élevées de l'atmosphère (nuages). La neige se forme lorsque la température des gouttelettes qui constituent les nuages devient égale ou inférieure à 0° ; elle forme des petits cristaux étoilés.

La *rosée* est une condensation qui se produit à la surface du sol après les journées chaudes, lorsque le ciel est serein. Le sol se refroidissant plus vite que l'atmosphère, abaisse la température des couches d'air en contact avec lui, de sorte qu'il arrive un moment où la vapeur qui y est contenue dépasse son point de condensation : il se produit alors un dépôt de rosée.

TABLE DES MATIÈRES

CHALEUR

CHAPITRE X

Températures. — Thermomètres.

CHAPITRE XI

Étude élémentaire des dilatations.

CHAPITRE XII

Mesure des quantités de chaleur.

CHAPITRE XIII

Fusion. — Solidification.

Pages.

CHAPITRE XIV

Étude des vapeurs.

CHAPITRE XV

Évaporation et ébullition.

CHAPITRE XVI

Principe des machines à vapeur.

CHAPITRE XVII

Transmission de la chaleur. — Protection contre le chaud et le froid.

CHAPITRE XVIII

Vapeur d'eau dans l'atmosphère.

CHARTRES. — IMPRIMERIE DURAND, RUE FULBERT.

www.ingramcontent.com/pod-product-compliance
Ingram Content Group UK Ltd.
Pitfield, Milton Keynes, MK11 3LW, UK
UKHW020123200726
13856UKWH00002B/702

9 782013 541701